广东省智能传感器创新发展研究报告

2021

主　编　周雪峰　商惠敏

副主编　周松斌　李　利　唐观荣

中国财经出版传媒集团

经济科学出版社

Economic Science Press

图书在版编目（CIP）数据

广东省智能传感器创新发展研究报告. 2021 / 周雪峰，
商惠敏主编；周松斌，李利，唐观荣副主编. —北京：
经济科学出版社，2021.11（2022.3重印）
ISBN 978-7-5218-3088-0

Ⅰ. ①广…　Ⅱ. ①周…②商…③周…④李…⑤唐…
Ⅲ. ①智能传感器–研究报告–广东–2021　Ⅳ. ①TP212.6

中国版本图书馆CIP数据核字（2021）第239023号

责任编辑：白留杰
责任校对：王苗苗
责任印制：范　艳　张佳裕

广东省智能传感器创新发展研究报告（2021）
主　编　周雪峰　商惠敏
副主编　周松斌　李　利　唐观荣
经济科学出版社出版、发行　新华书店经销
社址：北京市海淀区阜成路甲28号　邮编：100142
教材分社电话：010-88191309　发行部电话：010-88191522
网址：www.esp.com.cn
电子邮箱：bailiujie518@126.com
天猫网店：经济科学出版社旗舰店
网址：http://jjkxcbs.tmall.com
北京财经印刷厂印装
710×1000　16开　10.25印张　170000字
2021年12月第1版　2022年3月第2次印刷
ISBN 978-7-5218-3088-0　定价：52.00元
（图书出现印装问题，本社负责调换。电话：010-88191510）
（版权所有　侵权必究　打击盗版　举报热线：010-88191661
QQ：2242791300　营销中心电话：010-88191537
电子邮箱：dbts@esp.com.cn）

编委会名单

顾　问

文晓芸　程韬波　范　清　曾祥效　张百尚

主　编

周雪峰　商惠敏

副主编

周松斌　李　利　唐观荣

编　委

徐智浩　吴鸿敏　苏泽荣　刘忆森

　　智能传感器作为与外界环境交互的重要手段和感知信息的主要来源，已成为决定未来信息技术产业发展的核心与基础之一。随着物联网、云计算、大数据、人工智能技术及其应用的兴起，智能传感器已成为发达国家和跨国企业布局的战略高地。

　　从全球范围来看，美国、日本、德国等少数经济发达国家在智能传感器领域具有良好的技术基础，产业上下游配套成熟，占据了市场70%以上份额，国内智能传感器产业主要分布在以北京为核心的环渤海和以上海为核心的长三角地区，广东省作为全国电子信息产业大省和全球制造业基地，具有强有力的应用支撑和良好的新材料产业基础，高速发展的智能传感器产业涌现了奥迪威、速腾聚创、德赛西威、镭神智能等一批优势企业，力争不断缩小与国际知名智能传感器厂商的差距。

　　为更好地反映广东省智能传感器在时间和空间上的系统性战略谋划和布局发展，广东省科学院智能制造研究所联合广东省科学技术情报研究所及省内多家机构，立足国际视野，组织编写了《广东省智能传感器创新发展研究报告（2021）》（以下简称《报告》），力求客观准确研判国内外新形势，对标国内外先进地区新经验，揭示广东省未来发展面临的新机遇和新挑战，以更好支撑政府决策，引导市场发展。

　　报告分析全球智能传感器整体发展态势，重点从消费电子、汽车电子、工业电子、医疗电子四个领域的应用出发，对各领域智能传感器的特点和现状进行高度凝练和总结，并紧扣广东省实际，系统分析了广东省智能传感器发展基础和优势、问题和短板，提出了有针对性的对策建议。报告还详细阐述了广东省重点地市智能传感器的区域特征、人才团队和产业布局，并从高校院所、重

1

大平台、龙头企业等创新载体出发全方位展示了广东省智能传感器发展的特色实力支撑。报告面向国内外智能传感器领域的政、产、学、研、金、介等机构和社会大众，既有助于读者更好地把握世界智能传感器发展大势、洞悉最新动向，也有助于读者更好地了解广东省智能传感器发展的整体情况和下一步发展思路，为来粤开展学术交流、合作研究、投资创业、技术转移、成果转化的各界人士提供了明晰的指引范本。

报告编写得到了广东省科学技术厅领导、广东省科学院智能制造研究所领导、广东省科学技术情报研究所领导、东莞市科学技术局领导的支持和指导；以及中科院自动化所、中科院微电子所、广东人工智能与数字经济省实验室、中山大学、华南理工大学有关专家的帮助；报告得到了东莞市科学技术局的委托项目"面向重点科技产业的智能传感关键技术领域分布及来源分析"的资助；报告也参考了部分网络资料、智库文献，因篇幅有限，无法一一注明，在此一并表示感谢！

报告反映了广东省智能传感器创新发展的整体情况，后续还将持续跟踪研究，不断跟进，以多元化、体系体、立体化等多维视角展示智能传感器的发展和创新成果。当然，由于编者研究水平和研究能力有限，报告还存在很多问题和不足，敬请读者不吝批评指正！

编　者

2021年10月

CONTENTS 目录

3 汽车电子行业篇

4 工业电子行业篇

5 医疗电子行业篇

综合篇

　　智能传感器作为与外界环境交互的重要手段和感知信息的主要来源，已成为决定未来信息技术产业发展的核心与基础之一。随着物联网、云计算、大数据、人工智能技术及其应用的兴起，智能传感器成为发达国家和跨国企业布局的战略高地。自中美贸易摩擦以来，我国智能传感器产业面临产品有效供给不足、技术创新能力不强、产业生态不健全等问题，由此带来的产业安全的深入排查迫在眉睫。

1.1 智能传感器及其应用

1.1.1 定义

智能传感器是指具有信息采集、信息处理、信息交换、信息存储功能的多元件集成电路，是集成传感芯片、通信芯片、微处理器、驱动程序、软件算法等于一体的系统级产品。

智能传感器基本结构如图1-1所示，一般包括传感单元、微处理单元和接口单元。传感单元负责信号采集，微处理单元对采集的信号进行处理，再通过接口单元与外部系统进行通信。

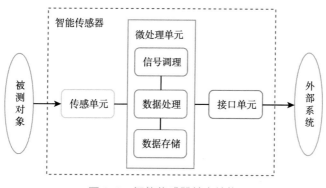

图1-1 智能传感器基本结构

MEMS（Micro-Electro-Mechanical System微机电系统）传感器是采用微电子和微机械加工技术制造出来的传感器，是结合了半导体设计生产以及封装、机械和电子等学科的交叉产品，与传统的传感器相比，具有体积小、重量轻、成本低、功耗低、可靠性高、适于批量化生产、易于集成和实现智能化的特点。MEMS传感器是当前最主要的智能传感器，很多情况下，MEMS传感器与智能传感器可以互相替代。

3

1.1.2 分类及应用

智能传感器分类方式很多，可按被测量、工作原理、制造工艺、用途、应用领域等方式分类。常见的分类方式如表1-1所示。单用一种分类方式很难全面准确地描述传感器，因此本报告以"用途+应用领域"作为基本分类依据，这样既可以简单直观地覆盖绝大多数智能传感器，同时又能结合应用领域需求与特色，深入挖掘重点产业领域智能传感器"卡脖子"问题。

表1-1 智能传感器分类方法

分类方法	型式
被测量	力学、热学、光学、磁学、声学、生化等
工作原理	应变式传感器、压电式传感器、压阻式传感器、电感式传感器、电容式传感器、光电式传感器等
制造工艺	MEMS、薄膜、厚膜等
用途	压力传感器、位置传感器、温度传感器、加速度传感器等
应用领域	消费电子、汽车电子、工业电子、医疗电子、航空航天等

本报告主要针对消费电子、汽车、工业和医疗四大广东省重点科技领域，同时这四大领域也是智能传感器应用最多的领域。

1.1.3 产业链

国内智能传感器产业链主要包含研发设计、生产制造、封装测试、产品及解决方案、应用几个环节，如图1-2所示。

研发设计主要任务包括工艺流程设计、机电和结构设计、封装和测试的设计验证，三者之间互相交联；制造环节有纯代工、IDM企业代工两种模式；封装通常分为芯片级封装、器件级封装和系统级封装三个层次，与IC不同的是，智能传感器测试需要外加不同的激励来测试不同的产品，非标准化特性明显；产品应用集成存在三种模式，一是由传感器生产厂商提供，特点是通用性强，能发挥产品最佳性能；二是由应用厂商进行集成，特点是专注于特定领域，但研发成本高、周期长；三是垂直整合厂商集成，特点是专用性强、高度适配自家应用，通常属高精尖领域。

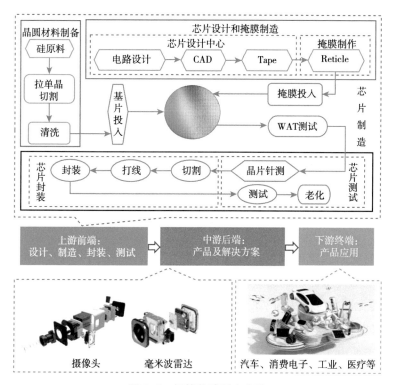

图1-2 智能传感器产业链

1.1.4 产业特征

（1）产品繁多、应用面广、产业带动能力强。智能传感器作为现代科学技术的"先行官"，广泛应用于国民经济各行各业，因此产品繁多。据统计，国外有各类传感器20000多种，我国有10大类42小类6000多种。虽然智能传感器在产业占比极小，以汽车为例，智能传感器占汽车工业产值仅为0.48%，但是其重要性却不可言喻，极易成为制约产业发展的"瓶颈"。

（2）基础依附、应用依附、多技术交叉融合。基础依附是指智能传感器的发展依附于敏感机理、敏感材料、工艺设备等。应用依附是指智能传感器又属于应用技术，每一种产品都需要针对下游特定的应用场合。智能传感器是多学科、多技术的综合，除了设计传感技术外，还涉及芯片技术、计算机技术、通信技术等。

（3）一种产品、一种工艺、投资大回报期长。智能传感器没有一个固定成型的标准化生产工艺流程，每一种产品都有独特的设计和对应的封装形式，所采用的材料、工艺技术和设备差异很大。因此，产品除了研发过程中需要大量资金，在工艺装备、封装、测试等投入也很高，在工程化和规模化生产时投资强度更高，因此投资强度大，商业化周期长。

1.2 智能传感器国内外发展现状

1.2.1 全球总体概况

随着物联网技术的发展，智能传感器产业发展迅猛，当前，智能传感器市场约为全部传感器市场的1/4，据统计，2016年全球智能传感器市场规模达到258亿美元，2019年达到378.5亿美元，年均复合增长率13.6%[①]。2016~2019年，全球四大应用领域的智能传感器市场规模如图1-3所示，消费电子、汽车电子、工业电子和医疗电子市场规模最大，其中消费电子领域占据总量2/3以上。

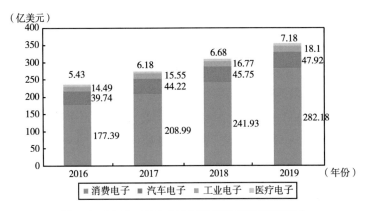

图 1-3 2016~2019 年全球智能传感器市场规模

资料来源：智能传感器型谱体系与发展战略白皮书［R］.中国电子技术标准化研究院，2019-08-05.

---

① 2018~2022年智能传感器产业深度调研及投资前景预测报告［R］.中投顾问产业与政策研究中心，2018.

美国、日本、德国等少数经济发达国家在智能传感器领域具有良好的技术基础，产业上下游配套成熟，占据了市场70%以上份额，如图1-4所示。

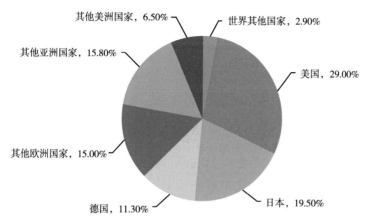

图1-4　全球智能传感器市场分布状况

资料来源：中国传感器产业发展白皮书（2014）［R］.工业和信息化部电子科学技术情报研究所，2014-10-22.

厂商方面，全球约40个国家6000余家企业，产品种类累计2万余种。全球著名的公司如表1-2所示。

表1-2　　　　　　　　　　　全球著名智能传感器厂商

厂商	国家	产品类型	应用领域
霍尼韦尔（Honeywell）	美国	压力传感器、温度传感器、红外传感器、超声波传感器、霍尔传感器等	工业电子、医疗电子、航空航天等
飞思卡尔（Freescale）	美国	加速度传感器、压力传感器等	汽车电子、消费电子等
精量电子（MEAS）	美国	压力传感器、霍尔传感器、位移传感器、温度传感器等	汽车电子、工业电子、医疗电子、航空航天等
基恩士（KEYENCE）	日本	压力传感器、光电传感器、接近传感器等	工业电子
欧姆龙（OMRON）	日本	温度传感器、湿度传感器等	汽车电子、医疗电子等

续表

厂商	国家	产品类型	应用领域
索尼（Sony）	日本	图像传感器	消费电子、汽车电子等
博世（Bosch）	德国	压力传感器、加速度传感器、气体传感器、陀螺仪等	汽车电子、消费电子等
英飞凌（Infineon）	德国	压力传感器、磁传感器等	汽车电子、消费电子等
意法半导体（ST）	瑞士	压力传感器、加速度传感器、MEMS射频传感器、陀螺仪等	汽车电子、工业电子、医疗、消费电子等

从市场份额和主要厂商可以看出，美国、日本、德国几乎垄断了"高、精、尖"智能传感器市场。但是三个国家的发展模式又不相同：美国发展模式走先军工后民用路线，非常重视传感器材料、工艺和制造研究；德国则充分发挥老牌工业强国的优势，通过技术研发和质量管理的优势整合，形成核心市场竞争力；日本注重应用需求牵引和实用化，采用引进、消化、仿制到创新方式。

发展趋势方面，随着物联网、无人驾驶、可穿戴设备等产业应用需求牵引，以及新材料、新原理、新工艺技术更新，尤其是半导体技术和新一代人工智能技术的突飞猛进，智能传感器正朝着微型化、智能化、多功能化、网络化方向发展。

1.2.2　国内发展情况

（1）产业规模。我国智能传感器市场广阔，据中国信通院测算，2016年我国智能传感器市场约为568亿元，2019年达到959亿元，复合增长率为13.9%，消费电子、汽车电子、工业电子是最主要应用领域，如图1-5所示。

从产品来讲，用途结构来看，加速度传感器、压力传感器、图像传感器所占份额最多，如图1-6所示。

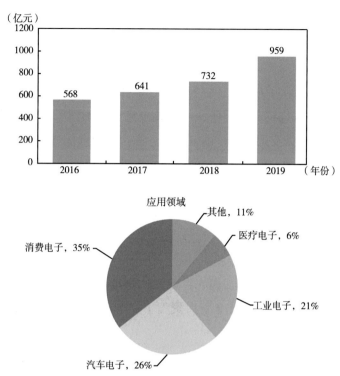

图 1-5　2016~2019 年国内智能传感器市场及应用领域

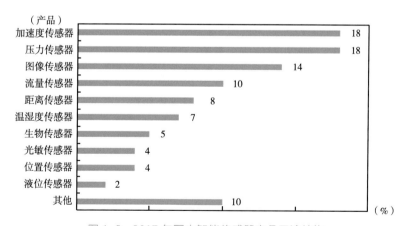

图 1-6　2017 年国内智能传感器产品用途结构

（2）区域分布。目前，国内智能传感器产业主要分布在环渤海和长三角地区。

环渤海地区以北京为核心，辐射石家庄、天津等，汇聚了北京大学、清华大学、中国科学院、中国航天科技集团、中国电子科技集团、天津国家纳米技术与工程研究院等国内著名科研机构，在智能传感器研发、芯片制造方面走在全国前列。

长三角地区以上海为核心，辐射无锡、苏州、杭州、昆山等，汇聚了中科院上海微系统与信息技术研究所、中科院上海技术物理所、中电科技集团55所、复旦大学、上海交通大学、浙江大学、东南大学等优势科研机构，已经形成了智能传感器研发、芯片制造方面的产业优势。

（3）产业链现状。研发方面，研发科研机构主要分布在北京、上海、西安等城市，以中科院、电子、航天、兵器科研系统和国内著名学府、重点理工院所为主。

设计方面，国内设计企业相对分散，技术不够成熟，市场认可度不高，总部分布在北京、上海、无锡、西安、武汉、深圳等城市；而跨国企业总部则集中在北京、上海两地，尤其是上海聚集了意法半导体（ST）、博世（Bosch）、德州仪器（TI）等全球领军企业。

生产制造方面，国内主要有三种体系，其一，依托以华润上华、中芯国际为代表的代工企业；其二，依托科研院所的科研生产线，科研机构自主生产并将一部分产能推向中小批量代工市场；其三，依托跨国IDM企业在华建立的生产线，见附件6"国内智能传感器生产线"。

封装测试方面，国内相对完善，具有一定的国际竞争力。

产品及解决方案方面，国内基本掌握了中低端传感器的研发，逐渐向高端领域拓展，在压力传感器、惯性传感器、射频传感器、麦克风传感器等方面具有一定的基础，但是在磁传感器、各种类型高端传感器方面差距较大，见附件8"智能传感器重点产品国内外及广东省现状对比"。

应用方面，国内主要集中在消费电子、汽车电子、工业电子、医疗电子四个领域。

（4）发展趋势。

①消费电子领域成为智能传感器爆发式增长突破口。惯性传感器已经成为智能手机、平板电脑和可穿戴设备的标配，其他各种类型的智能传感器在消费电子领域也越来越普及。未来将有更多的智能传感器进驻消费电子产品。

②多传感集成技术的成熟将成为智能传感器功能优化关键性节点。传感器

测多个物理信号的功能需求越来越多，多种传感集成的智能传感器在满足体积更小、成本更低的同时，给予用户更丰富的用户体验。密闭封装集成传感器、开放腔体集成传感器和光学窗口集成传感器这几大集成方向无论从生产端还是用户端都在逐渐满足越来越多新出现的需求。

③智能传感器生态系统的建设将进一步得到完善。各种传感器与其他电子组件集成，并结合软件，使得系统集成商更容易使用，为情境感知应用奠定基础。市场战略正在转向建立一个生态系统，让系统集成商很容易为其他产品增加一些智能传感器功能，这就意味着需要整个供应链的合作，注重嵌入式硬件系统、软件系统开发以及人工智能算法研究。

1.3 智能传感器"卡脖子"问题

1.3.1 主要产品与"卡脖子"技术

目前已有的智能传感器，在消费电子、汽车电子、工业电子和医疗电子领域使用的传感器包括：（1）物理量传感器，包括压力传感器、惯性传感器、磁传感器、麦克风、光学传感器、温度传感器等；（2）化学传感器，包括气体传感器、离子传感器等；（3）生物量传感器，包括血压传感器、脉搏传感器、心音传感器、呼吸传感器、体温传感器、血流传感器等，具体见表1–3。

表 1–3   智能传感器主要产品及来源分析

产品种类	国际主要企业	国内主要企业	省内主要企业	备注
压力传感器	德国博世、日本电装、美国森萨塔、德国英飞凌、瑞士意法半导体、美国霍尼韦尔、美国泰科电子、荷兰恩智浦、日本欧姆龙等	苏州敏芯、河北美泰、上海保隆科技、西安中星测控等	无	国产产品主要用于工业领域，汽车电子、消费电子自给率不足10%，医疗电子基本空白
加速度传感器	德国博世、瑞士意法半导体、荷兰恩智浦、日本村田等	上海矽睿、河北美泰、西安中星测控等	无	国产产品主要用于工业领域，汽车电子、消费电子自给率不足5%

续表

产品种类	国际主要企业	国内主要企业	省内主要企业	备注
陀螺仪	德国博世、瑞士意法半导体、美国霍尼韦尔、美国亚德诺半导体等	河北美泰、北京兵器214所等	无	国内不具备芯片设计能力、制造工艺复杂，国产自给率不足5%
磁传感器	美国霍尼韦尔、德国英飞凌、美国精量电子、日本TDK等	上海矽睿、杭州士兰微等	无	国产产品主要用于低端场合，高端应用自给率基本为0
温湿度传感器	德国博世、美国霍尼韦尔、美国森萨塔、日本欧姆龙等	宁波中车、北京七芯中创等	无	国产产品主要用于工业电子和汽车电子领域，自给率约为30%
气体传感器	美国霍尼韦尔、德国博世、美国阿旺斯等	河南汉威电子、武汉四方光电、郑州炜盛科技等	广州奥松	国产产品在工业电子和消费电子领域应用较多，在汽车电子领域自给率不足20%
可见光传感器	日本索尼、美国豪威、韩国三星、日本松下等	长春长光辰芯、北京中电44所等	无	高端CMOS图像传感器国内仅长光辰芯可生产，与国外差距较大，自给率不足5%
红外传感器	德国海曼、日本日电、日本尼塞拉等	河南森霸光电、河南炜盛科技、武汉高德红外等	广州奥松、广州科易	国产产品主要用于工业电子和消费电子，在汽车电子领域自给率不足20%
麦克风	楼氏电子、英飞凌、欧姆龙、应美盛、意法半导体、丹麦声扬等	歌尔股份、瑞声科技、敏芯微电子、芯奥微、华景传感、共达电声、无锡美芯	深圳瑞声声学	国产产品在消费电子领域自给率较高
超声波雷达	博世、法雷奥、日本村田、电装	台湾同致电子、苏州辉创	深圳航盛、深圳豪恩、广东奥迪威	前装产品自给率约为10%
指纹传感器	高通、FPC、synaptics、Authentec	汇顶科技、神盾、思立微、迈瑞微、义隆电子、芯启航、费恩格尔、信炜科技、贝特莱、集创北方	汇顶科技、芯启航、信炜科技、贝特莱	我国产业发展水平相对较高，但核心芯片仍受制于国外厂商
激光雷达	Velodyne、Quanergy、Innovusion、Ibeo、SICK、博世、Innoviz、Hokuyo	禾赛科技、巨星科技、探维、北科天绘	速腾聚创、镭神智能、大疆览沃	上游光学元器件、电子元器件自给率几乎为零

国产整体来讲，国产传感器主要占据中低端市场，图像传感器等技术门槛高的产品生产企业较少。从应用领域来看，国产传感器在工业领域覆盖面较大，生产能力较为成熟，国产器件自给率较高，但在机器人及自动化产线方面国产自给率不足30%；汽车电子领域由于对可靠性要求极高，且多为垂直厂商整合被国外龙头企业把控，国产传感器自给率不足10%；消费电子领域虽然对可靠性要求不如汽车电子领域，但是产品更新迭代快，而国内企业产品线单一、自主研发能力弱，因此新产品和高端产品自给率不足10%；医疗电子领域对可靠性和性能要求都极高，且国内高端医疗器械产业严重依靠进口，因此目前国产传感器布局基本空白。

1.3.2　差距分析

（1）芯片研发能力较弱，核心技术缺乏。芯片技术是智能传感器绕不过的坎，一种主流智能传感器芯片研发投入约在10亿元，需要数十人的科研团队6~8年的积累，数千万只，甚至上亿只以上产品批量生产才能盈利，而传感器芯片研究失败风险较高，一般中小型本土企业难以承受如此高的代价和风险，因此国内企业基本集中在产业链中下游，具有自主芯片设计能力的企业较少，智能传感器芯片的国产化率不足10%，核心技术严重滞后于发达国家。

（2）制造工艺装备落后，产品可靠性低，高端市场被国外垄断。高端智能传感器核心制造装备主要依靠进口，"小而散"的国内厂商自身积累难以进行设备和工艺更新，虽然具有一批自主研发的工艺和产品，但主要性能指标和国外差1~2个数量级，使用寿命差2~3个数量级，可靠性不高是影响国产器件进入高端领域的最主要原因。

（3）企业规模小、产品系列化程度低，难以形成规模效应。我国智能传感企业大多数属中小型企业，企业规模总体偏小，现有1600余家传感器企业，其中产值过亿元不足200家，占总数13%。国内产品线较为单一，产品品种和系列约为国外的30%~40%，且已有系列多为低端产品重复生产、恶性竞争，产品以仿制为主，高端产品严重依赖进口。此外，国内企业在产品配套的软件算法环节渗透率较低，提供整体解决方案能力较弱，限制了产业链上价值的获取能力。

（4）人才严重短缺、高端复合型人才缺失尤为严重。由于智能传感器行业经济基础、技术基础、产业基础较为薄弱，加上产业涉及学科多，要求知识面广，新技术层出不穷，长期以来难以吸引国际顶级人才；国内由于学科设置，缺少复合型人才培养机制，缺乏掌握研发设计、工艺、应用甚至是管理的复合型人才。

1.4　广东省优劣势与战略选择

1.4.1　广东省优劣势分析

（1）优势。

①强有力的应用支撑与拉动。3C、汽车、工业、医疗器械是智能传感器最大应用领域，这四大产业均为广东省支柱产业，产值在国内均处于领先水平，涌现了华为、广汽、迈瑞、大族等一大批行业龙头企业。智能传感器应用依附为广东智能传感器产业发展提供了肥沃的土壤。

②良好的新材料产业基础。新材料的研制是促进智能传感器发展的主要内在动力之一。广东在新材料的研究、设计和制造方面具有良好的产业基础。

③高速发展的人工智能技术赋能智能传感器产业。智能传感器产业未来发展的方向和产业的增量都取决于人工智能技术。广东作为国内人工智能技术与产业发展领头羊，近几年涌现了奥迪威、速腾聚创、德赛西威、镭神智能等一批依托人工智能技术的智能传感器企业。

④科技创新环境不断优化。智能传感器属于战略新兴科技产业，涉及多种学科，对科技政策依赖性强。目前广东全面创新改革试验已稳步推进、国家自主创新示范区的加快建设、《粤港澳大湾区规划纲要》的贯彻实施、广东省实验室的布局推进，为广东省建立多层次、全方位和多形式的港澳台及国际间的技术与创新合作，引入了国内重点研究机构落户广东省拓展新空间，为智能传感器产业创新发展打下了坚实基础。

（2）劣势。

①产业基础整体薄弱。国内智能传感器产业主要集中在环渤海和长三角地区，广东仅有深圳和广州有少量公司，产品线极少，规模以上产品基本空白。

②智能传感器研发和设计基础较弱。目前国内从事智能传感研发的学校和科研院所主要集中在北京、上海、西安、杭州等城市，以及一些军工单位，广东省内暂无有影响力的科研机构。

③智能传感器工艺与制造基本空白。据统计，国内有40~50家具有智能传感器芯片IDM、代工和中试线。广东省仅有广州粤芯半导体，且产线在建中。

1.4.2　战略选择

（1）结合广东省支柱产业，紧抓物联网＋，精准规划智能传感器产品定位。围绕智能制造、智能交通、智慧城市、智能安防、智能医疗，重点发展高集成度、小尺寸、低功耗、兼容性强的智能传感器，以及激光雷达、毫米波雷达等新型高附加值传感器。

（2）依靠产业链协同发展，打造产业生态体系，突破技术及产业壁垒。行业产业链方面，加强制造与研发环节，提高核心竞争力，并按照产品市场份额的增加，分阶段投入智能传感器制造生产线，降低成本提高市场竞争力。产品链方面，加强智能传感器企业之间的合作，建立稳定的供销体系。

1.5　对策与建议

（1）稳链、强链、补链、延链、控链，打造国产化产业生态链。沿着两条发展路线集聚创新资源。一方面，依托广汽集团、华为、大族等广东省具有优势的应用企业，以市场需求为导向，通过海内外并购、引进国内优质科研机构和企业来粤开展智能传感器研究、开发和产业化，推进完善产业链布局。另一方面，大力培育德赛西威、欧菲光、奥迪威、速腾聚创、镭神智能、大疆等国内传感器细分行业龙头企业开展超声波雷达、毫米波雷达、摄像头、激光雷达等高附加值传感器研制和产业化。

（2）出台产业扶持政策，加大财政资金支持力度。加大智能传感器核心技术、关键技术和基础技术研发以及智能传感器芯片发展的政策支持，设立专项资金对技术创新型企业进行扶持，重点支持一批应用市场广、具备一定产业基础、易于快速产业化的智能传感器及其核心芯片，在财政、税收等方面给予倾斜，鼓励社会资本通过多种方式进入智能传感器产业。实施基础技术攻关、器件研制、产品检测、标准研发和集成应用一体化的项目支持模式，确保项目研发的产品得到良好应用。

（3）聚焦关键技术、关键产品，开展重点攻关。国产智能传感器技术与国外的差距关键在芯片，因此要加强对智能传感器核心芯片，特别是基于MEMS工艺的芯片、芯片配套算法和驱动程序等技术的自主研发，强化前沿技术战略布局。在产品方面，在消费电子领域推进光学传感器、惯性传感器、硅麦克风向高精度、高集成、高性能方向演进，在汽车电子领域聚焦固态激光雷达、77~79吉赫兹毫米波雷达开发，在工业领域提升工业惯性传感器、位置传感器稳定性与可靠性，突破传感器数据融合处理关键技术，在医疗领域发展符合医疗电子高灵敏度、高信噪比、高安全特性要求的生物传感器产品，突破重点产品上下游核心技术及产业链。

（4）营造良好的智能传感器初期市场应用环境。加快国产传感器发展速度，关键在于推动国产化产品的应用示范与国产化应用。因此，应大力推进国产智能传感器的应用政策，如新传感器首批次保险补偿机制、新传感器首批次应用奖励措施等。同时，打好"政策组合拳"，解决推广应用难的问题，突破"国产不敢用"的瓶颈，保障国产传感器在应用端的市场需求，提高在重点产业领域智能传感器的国产占有率。

（5）打造产学研用服务平台，助力产业创新发展。提升本土中试服务平台承载能力，建设智能传感器创新中心、测试中心等平台，支撑本土技术产业创新发展。推动并联合企业、高等院校、科研院所、行业协会、支撑机构，成立产业联盟。积极开展关键基础技术联合研发、专利运营、标准制定、知识产权保护等工作，建立标准化工艺库，提升工艺通用性。

（6）加强高端人才培养与引进，鼓励企业与高校合作培养。充分利用各类人才政策，优先引进海外智能传感器高端学术创新人才和产业领域人才。搭建高校和企业联合培养人才的模式，支持建立智能传感器产学研用育人平台。在有条件的高校建设跨学科的智能传感器综合人才培养基地，培养复合型人才。鼓励企业与高校、科研院所建立智能传感器人才交流与联合培养长效机制。

Part 2

消费电子行业篇

2.1 消费电子及其智能传感器

消费电子产业是我国改革开放以来发展最快的产业之一，在电子工业中占有重要的地位。消费电子产品是指供日常消费者生活使用的智能电子硬件产品。在互联网技术的飞速发展下，行业产品迭代加速，新兴品类不断涌现，逐渐形成数码设备（如手机、电脑和摄影设备等）、学习硬件（如词典笔、翻译笔等）和可穿戴设备为主要产品的消费电子市场结构。

在技术革新和市场需求驱动下，全球消费电子产品步入稳定发展期。据Grand View研究机构数据统计显示，2019年，全球消费电子产业市场规模近39.6亿台，其中，智能手机、笔记本电脑和平板电脑仍占据主导地位，分别占比55.0%、15.4%和13.6%（见图2–1）。

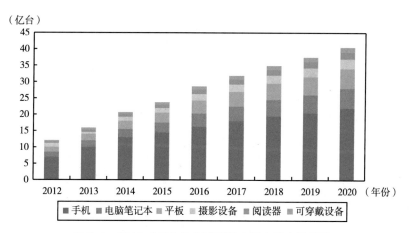

图 2–1　2012~2020 年全球消费电子产品市场规模

我国作为全球消费电子产品的最大市场之一，其中新兴品类的涌现与传统品类的智能化升级成为市场发展的主要驱动力量（见图2–2）。诸如可穿戴设备、运动相机、无人机等新兴品类的涌现主要源于消费升级带动下的消费场景多元化趋势；而在技术创新与迭代下，手机、音箱、耳机等传统品类通过智能化升级带动相关细分市场持续旺盛的替换需求。我国消费电子产品在过去5年间保持了10%的双位数增长，整体规模在2017年达到近1.3万亿元，市场占比前三的分别是智能手机、电脑及周边产品以及可穿戴设备。其中智能手机以77.8%的占比排名第一，市场规模达1.01万亿元，复合年增长率为16%。电脑及电脑周边产品位居第二，占比约16.4%，市场规模近2135亿元。值得注意的是，智能可穿戴设备的出货量呈现明显增长趋势，尽管目前市场规模仅有289亿元，但以94%的复合年增长率强势发展，有望成为近几年消费电子产品的重要增长点。头部企业在经历20余年的市场洗礼后，也正逐渐发展壮大，成为全球市场的一大参与力量。以智能手机和平板电脑为代表的成熟型产品市场中，培育了以华为、小米、OPPO、vivo、魅族、联想、中兴为代表的中国品牌企业，以智能穿戴设备为代表的新兴品类市场快速增长，占据主要市场份额的中国品牌企业有华为、小米、步步高、360奇虎、魅族，形成了以长三角地区和珠三角地区为主的消费电子产业集群。

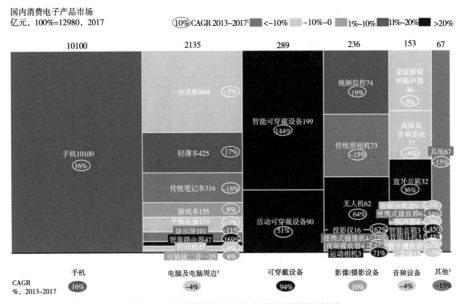

图 2-2　国内消费电子产品市场规模及结构

注：（1）可穿戴设备、无人机、运动相机CAGR计算年限为2014~2017，智能音箱、智能耳机CAGR计算年限为2016~2017；（2）包括车载设备和Kindle。

资料来源：欧睿数据库；GFK报告；IDC报告；久谦咨询。

　　智能传感器是具备自动状态（物理量、化学量及生物量）感知、信息分析处理和实时通信交换的传感器，是设备、装备和系统感知外界环境信息的主要来源，就像机器的鼻子、眼睛、嘴巴，它赋予了移动终端机器更多的感知与智能，是消费电子产品迈向智能化的必需品，对消费电子产品体验感是否流畅起着决定性的作用，在消费电子领域中有着广泛的应用。自传感器诞生以来，不断在各式各样的产品和技术上进行内嵌与应用，已经成为终端设备当中不可缺少的组成部分。纵观整个消费电子产业过去20年的发展历程（见图2-3），在电子设备产业处在领先地位的苹果和三星公司，其经典消费电子产品（手机）所用传感器的发展路线对产业电子产品设备的更新迭代起到风向标作用（见图2-4）。

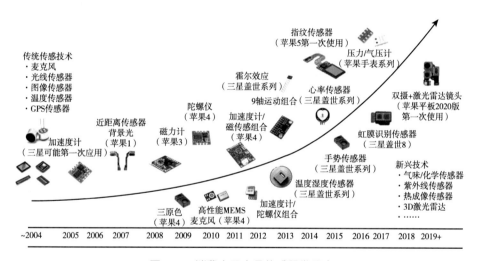

图 2-3　消费电子产品传感器发展史

图 2-4　传感器在智能手机的应用

从电子产品传感器的发展路线可知，随着消费电子产品的技术迭代更新和性能的提升，对传统传感技术又提出了新的要求，终端设备集成的传感器越来越丰富，逐渐向微机电系统（MEMS）技术、无线数据传输技术、红外技术、新材料技术、纳米技术、陶瓷技术、薄膜技术、光纤技术、激光技术、复合传感器技术、多学科交叉融合的方向发展。

根据功能作用不同，可以分为运动传感器、环境传感器和生物识别传感器。

运动传感器主要检测移动终端设备的加速度、航向、重力倾斜度、全球定位信息及海拔等传感信息，在消费电子产品中的功能包括运动检测（摇一摇、计步、AR）、跌落检测、翻转静音、游戏控制、增强运动控制、人机交互、指南针、出行导航、横竖屏、重力感应游戏、出行导航、地图位置共享、测速、测距等功能。

环境传感器主要检测移动终端设备的图像、光线、距离、红外线、紫外线、温湿度、气体、颗粒物浓度、pH值等传感信息，主要功能包括拍照摄影视频、刷脸、AR应用、人机交互、调整屏幕亮度、防误触、拍照自动白平衡、皮套口袋模式自动解锁屏、接听电话自动暗屏、手势感应、健身强度计算、检测紫外线强度、空气质量检测、汗液pH值检测等功能。

生物识别传感器主要检测以移动终端设备的指纹、声音、血糖、血氧、血压、心率、体温、肌电等传感信息，主要功能包括运动强度计算、健康提醒、睡眠检测、脉搏血氧饱和度检测、血糖水平检测、血压检测、心率检测等。具体传感器类型与功能见附件10消费电子智能传感器类型及应用场景。

智能传感器市场方面，据赛迪统计数据显示（见图2-5），2017年我国传感器市场结构中消费电子市场规模约230.1亿元，占比约23.1%，2018年市场规模约269.2亿元，占比约17.5%，比2017年增长16.9%，2019年我国传感器市场结构中消费电子市场规模322.1亿元，占比14.7%，比2018年增长19.7%。消费电子市场规模逐年增长，2021年，市场规模为440.7亿元，占比为14.9%。

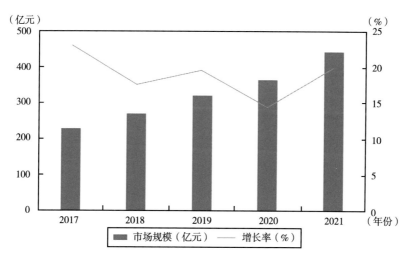

图 2-5　2017~2021 年中国消费电子传感器市场规模及增长率趋势

细分到传感器类型市场，2019年加速度传感器市场规模53.5亿元，占比16.6%；图像传感器市场规模49.3亿元，占比15.3%；其他相关市场规模58.5亿元，占比18.2%（见图2-6）。

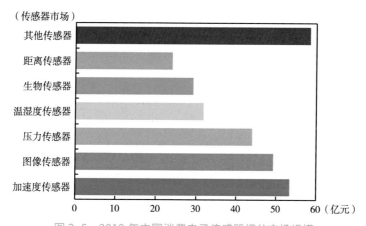

图 2-6　2019 年中国消费电子传感器细分市场规模

从产业集群空间分布来看，目前我国消费传感器企业逐渐发展，出现区域性传感器企业集群，主要集中在长三角地区，并逐渐形成以北京、上海、南京、深圳、沈阳和西安等中心城市为主的区域空间布局。长三角区域：以上海、无锡、南京为中心。逐渐形成包括磁敏、图像、光电、温度、气敏、加速度计等较为完备的传感器生产体系及产业配套。珠三角区域：以深圳中心城市为主。由附近中小城市的外资企业组成以热敏、磁敏、超声波、CMOS、指纹识别为主的传感器产业体系。东北区域：以沈阳、长春、哈尔滨为主。主要生产MEMS力敏传感器、气敏传感器、湿敏传感器、麦克风传感器。京津区域：主要以心率传感器、图像传感器为主，从事新型传感器的研发。中部地区：以郑州、武汉、太原为主。产学研紧密结合的模式，在热敏电阻、感应式数字液位传感器和气体传感器等产业方面发展态势良好。

2.2 国内外现状及"卡脖子"问题

2.2.1 国内外现状

随着5G、物联网、人工智能等技术的发展，消费电子产品行业将进入发展快车道，同时也带动了消费电子领域传感器的发展。不可否认，在当前技术与市场的发展态势下，传感器的市场前景十分广阔，但是就目前我国智能传感器的发展而言，依然存在亟待解决的问题。传感器作为电子工业最底层，也是最关键的技术，它将成为各国、各企业在未来掌握科技产业话语权的重要一部分。

从全球发展现状来看，作为支撑感知层的传感器上游端已经形成了完整的产业链，美、日、德三国占据了全球传感器约70%的市场份额，已经形成三足鼎立的格局。不仅如此，目前已约有40个国家深入研究，机构达6000余家。在传感器种类上，国外目前在用以及在研共计高达4.8万，而我国仅有6000多种，可见，国际竞争颇为激烈。需要指出的是，我国消费电子领域目前中高端传感器进口占比为80%，传感器芯片进口率更是高达90%多，产品也多来源于耳熟能详的外企，如博世、应美盛、旭化成微电子等。以智能手机领域为例，应用的传感器几乎全部采用国外产品，如华为P9手机共采用9颗传感器，只有MEMS麦克风一项采用歌尔产品，小米MI5共采用8颗传感器，全部为国外产品。由于国际市场较为成熟，国外主流厂商价格已经压得很低，国内厂商又没有技术优势，在市场上难有竞争力。同时，这也让美国抓住了中国传感器发展落后的短板，对中国的半导体以及传感技术进行一系列的贸易限制，如美国商务部的出口管制及后续新增名单事件、中国企业福建晋华新记忆芯片事件等。美国采取这些措施，无疑给中国传感器产业发展发出红色预警。

反观国内发展现状，正如上面所提到的，国内传感器企业大多集中在这些传感器的中低端市场，特别在品类繁多、型号复杂且注重便携智能的消费电子产业，传感器在微型化、多功能化、数字化、智能化等发展上严重不足。首先，由于市场对于传感器在高精度、高敏感度分析、成分分析等方面要求较高，而国内正处于从传统传感器向智能传感器发展的过程中，滞后于国外进程，在相关核心技术和基础能力上不够成熟，主要还是以对国外产品的研究或者代工为主。在国内，高端传感器的研发主要集中在高等院校，而自主知识产权的成果数量不尽如人意，并且大多以样品为主，产业化能力不足。种种因素，导致了国内传感器品种不配套、系列不全、缺乏市场核心竞争力。

而在技术层面，其实传感器从研发的原理并不困难，难就难在工程工艺上。由于传感器生产中工艺技术的分散性、复杂性以及设备条件等因素，其生产过程也被称为制造"工业工艺品"，证实了掌握核心工艺技术对于研发制造传感器尤为重要。

国外在传感器领域发展较早，技术上经过多轮积累和迭代已较为成熟。以美国为例，在当下可穿戴设备应用热门的MEMS智能传感器研发上，美国对其工艺技术已经持续研究了25年，形成了自有的一套"多品种小批量"的传感器生产方式以及工艺特色。同时，他们围绕MEMS工艺技术和应用实现了两大方向的突破：敏感机理创新与工艺突破，这项突破很大程度上提高了MEMS工艺技术的理论与应用水平，在晶体与非晶体、各种半导体材料以及金属薄膜工艺上实现了产品创新，达到产品生产微型化、低成本、复合型等效果；另外，在多功能集成化、模块化架构、嵌入式能力、网络接口上也形成了自有创新应用。

而国内在设计技术、封装技术、装备技术等共性关键技术上还未取得真正突破，这归结于国内传感器微机械加工技术以及相关智能制造技术发展进度缓慢，人工操作偏多，检测手段不规范，造成国产传感器比国外同类产品的可靠性和稳定性低1~2个数量级。另外，传感器封装也尚未形成系列、标准和统一接口。

从传感器产业链方面来看，全球消费电子传感器市场主要由国际巨头企业把控，德国博世、意法半导体ST、罗姆、NXP、ADI、英飞凌、mCube、楼氏电子、索尼等为主要供应商。国内企业近年发展较快，但由于起步晚、技术积累弱等因素整体仍存在企业规模较小、产品线单一解决方案供给能力弱等问题，国内供应商有美新半导体、明皜传感、歌尔声学、瑞声科技、敏芯微电子、矽睿科技、水木智芯、矽创电子、士兰微、深迪半导体、豪威科技、格科微电子、汇顶科技、思比科、敦泰、迈瑞微等企业。国内仍处于混沌之中，产业结构分散，产品存在品种、规格、系列不全，甚至还有重复生产以及恶性竞争等现象发生。消费电子智能传感器的产业概况见附件11消费电子智能传感器国内外及广东省现状对比。

此外，在资源配置上，国内在人才、物力、设备能力上也存在一些不足，由于智能传感器涉及多学科交叉，对于多面手的人才要求和需求也越来越高，而国内尚未有成熟复合型人才的培养体制。

2.2.2 "卡脖子"问题

（1）CMOS图像传感器。消费电子中的摄像头产业链上游是CMOS图像传感器（CIS）、VCM音圈马达、光学镜头等。CMOS图像传感器占据了52%的价值量，是价值量最高的部件，光学镜头的价值量占比为19%，音圈马达和红外截止滤光片的价值量占比分别为6%和3%。中游为模组封装，价值量占比为20%（见图2-7）。下游应用于手机、平板、PC等。

智能手机是CMOS图像传感器主要应用领域。YOLE预测，2017~2023年，智能手机市场给全球CMOS销量的年均复合增长率将达到9.4%，主要是因为自2011年LG推出首款3D双摄手机以来，智能手机采用多摄像头模组来支持光学变焦、生物识别和3D交互等功能已成为各大手机厂商的创新趋势。如表2-1所示，2019年每部手机摄像头的使用量约为3.1个，预计2022年将达到4.8个。2019年智能手机用CIS的市场规模是137.5亿美元，预计2022年将达到233.5亿美元，复合增长率达到19.3%。

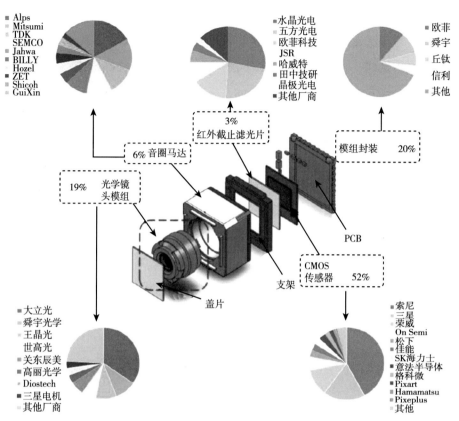

图 2-7　摄像头产业链情况

资料来源：刘舜逢，徐勇 . 5G手机全景图之传感器篇［R］.平安证券研究所，2020-06-04.

表 2-1　　　2016~2019 年全球智能手机用 CIS 市场规模

年份	全球智能手机出货量（亿部）	手机摄像头均配（个）	同比（%）	全球智能手机摄像头出货数（亿个）	同比（%）	手机CIS市场规模（亿美元）	同比（%）
2016	14.7	2.2		32		76.2	
2017	15.2	2.4	9.1	36	13	93.3	22
2018	14.5	2.7	12.5	39	7	106.1	14
2019	14.0	3.1	13.3	43	10	137.5	30

资料来源：刘舜逢，徐勇 . 5G手机全景图之传感器篇［R］.平安证券研究所，2020-06-04.

全球CIS市场高度集中在索尼、三星、安森美、豪威（被中国收购）几大厂商中（见图2-8）。索尼长期占据着40%以上的市场份额，三星紧随之后。2011年之后豪威一直处于市场份额下滑的趋势中，主因在高端市场中被索尼、三星超越，在低端市场中又受到Hynix、格科微、思比科、奇景等中韩厂商的蚕食。CIS供给端扩产有限，行业供不应求。索尼、三星IDM厂商全线满产，索尼产能不够，转而外包给晶圆代工厂商台积电，而豪威、格科微等设计厂商，订单供不应求已经令晶圆代工厂产能十分紧张。2020年高阶CIS扩产非常有限，主因是高像素CIS芯片采用BSI工艺，所需设备定制化程度高，Fab对于扩产意愿较低；现业内多采取改进FSI工艺、或分段加工等方式，当前仍以充分挖掘现有产能潜力为主，新增产能释放有限。

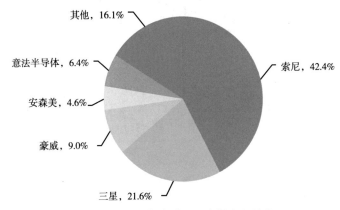

图2-8　2019年全球CIS市场竞争格局

资料来源：刘舜逢，徐勇.5G手机全景图之传感器篇［R］.平安证券研究所，2020-06-04.

（2）指纹识别传感器。指纹识别传感器是指纹识别系统的核心模块。指纹识别传感器采集指纹信息，并将采集到的信息同指纹数据库中指纹数据进行比对，以达到指纹识别的目的，用于认证、解锁和支付等。

指纹识别传感器主要实现方式有三种（见图2-9和表2-2）：光学感应技术、电容感应技术和超声波感应技术。随着手机等产品进入全面屏时代，屏下指纹识别技术不断普及。屏下指纹识别，就是将指纹识别传感器放置在屏幕下边（透过屏幕对用户的指纹进行信息采集和匹配识别）。电容指纹传感器成本低廉、体积小、精度较高但穿透深度仅为0.3毫米，而目前智能手机正面盖板玻璃的厚度普遍超过0.5毫米，并且其指纹穿透力较弱，对于湿手指和脏手指的识别较弱，因此这一传统方案不再适应屏下指纹的要求。主流的屏下指纹识别方案有两种，一是三星手机独家采用的高通超声波屏下指纹识别方案，三星以外的安卓阵营如华为、荣耀、小米、OPPO、vivo、魅族、一加等，则全部采用光学屏下指纹识别方案。

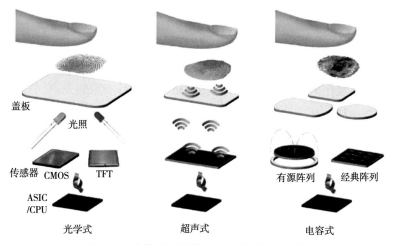

图 2-9　光学式、超声式、电容式指纹识别

表 2-2　　　　　　　　　　　　　指纹传感器性能特点对比

项目	光学式	超声式	电容式
原理	图像对比：OLED屏幕像素间具有一定间隔，光线能透过。手指按压屏幕时，OLED屏幕发出光线将手指区域照亮，照亮指纹的反射光线返回到屏下的cmos传感器，形成图像与终端信息对比	超声波阻抗：通过传感器先向手指表面发射超声波，并接受回波。利用指纹表面皮肤和空气之间密度不同构建出一个3D图像，与终端信息进行对比	手指静电场：利用硅晶元与导电的皮下电解液形成电场，指纹的高低起伏会导致二者之间的压差出现不同的变化，对此可实现准确的指纹测定
优点	体积小；穿透能力强（1毫米以上）；技术复杂度低、成本低；无须屏幕开孔，符合全面屏趋势	体积较大；穿透能力较强（1.2毫米OLED）；识别率高；无须屏幕开孔，符合全面屏趋势	体积较小；识别率高；功耗低

续表

项目	光学式	超声式	电容式
缺点	输入时输入次数较多；易受背景光干扰；易受手指表面的油污干扰	技术复杂度高、成本高；功耗较高	穿透能力差（0.35毫米以下）；必须屏幕开孔，安装与手机接触的感应器；不符合全面屏的趋势
适用屏幕	刚性/柔性OLED、LCD	柔性OLED	LCD
主要厂商	汇顶、神盾、synaptics	高通、FPC	AuthenTec、FPC、汇顶、synaptics、神盾

光学方案应用的时间较早，在市场开拓方面具有一定的先发优势，且方案解锁成功率相对较高，软件系统较为成熟；而超声波方案的优势则在于方案的安全性更好，对指纹的干湿度要求较低，并且可以检测到手指表面的深层次纹理而不受外界干扰。成本方面，光学和超声方案的价格预计在8~10美元。但是光学方案兼容OLED软屏和硬屏，但超声方案受到穿透距离的限制，目前只能搭配OLED软屏。目前，OLED硬屏的价格约为20美元，而软屏的价格则要达到80~90美元，两者差距仍较为明显，导致柔性OLED+超声方案短期之内无法在中低端机型上大量使用。因此，短期之内光学方案仍将是屏下指纹识别方案的主流。而超声方案如能够对解锁成功率进行有效优化，或将成为高端机型的一个重要选择方案。

光学方案由传统龙头企业主导，国内厂商全面布局，产业链比较完整（见图2-10）。光学指纹识别方案的产业链主要分为算法及芯片、CMOS、Lens、滤光片以及产品封装，国内重点关注汇顶、欧菲。算法芯片技术是核心，涉足该领域的主要是新思、汇顶等传统龙头。光学元件方面，主要分为光源、Lens、滤光片以及CMOS传感器，光源主要采用OLED自发光，Lens起聚焦反射光的作用，滤光片过滤杂散光，CMOS转换光电信号。CMOS光电传感器方面，国际主要厂商包括索尼、三星、海力士和安森美等，国内则主要有豪威科技和格科微。在下游封装方面，欧菲科技目前是安卓系厂商光学指纹方案的独家供应商。

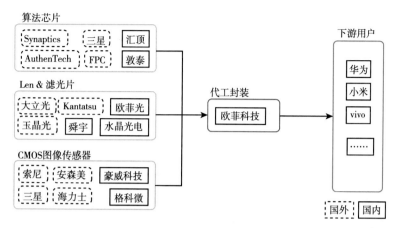

图 2-10　光学屏下指纹产业链及供应商

超声波方案国外厂商主导，国内厂商涉足压电材料、下游封装领域，国内产业链不完整（见图2-11）。超声波方案的产业链可以分为算法芯片、传感器以及封装三部分，而传感器的上游主要是压电材料。在算法和芯片方面，目前高通是该领域唯一一个已经实现方案商用的企业，而除高通外，桑纳维森（Sonovation）、应美盛（InvenSense）以及FPC等厂商也在探索相应的解决方案。在压电材料方面，目前高通使用PVDF有机聚合物材料，桑纳维森和应美盛使用压电陶瓷材料，压电材料的主要生产厂商有新加坡IME和国内的三环集团等，而传感器制造方面则主要由应美盛、台积电、意法半导体等境外企业生产。在封装环节，目前高通的主要合作商为台湾GIS和欧菲科技。

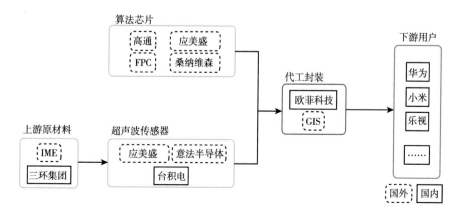

图 2-11　超声波指纹方案产业链

（3）MEMS麦克风。随着Alexa、Cortana、Siri等智能语音控制功能的出现，麦克风在智能终端的需求迅速扩大，核心技术发展方向包括语音识别、噪声消除、身份识别等。MEMS麦克风凭借微型化、低功耗等特性广泛应用于智能手机、智能音箱、智能耳机、机器人等的语音交互，几乎每部智能手机中都至少使用2~4个MEMS麦克风（见图2–12）。

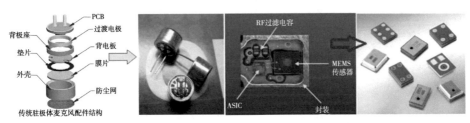

图 2–12 传统驻极体麦克风（左）与 MEMS 传感器（右）对比

2019年全球消费类MEMS麦克风市场规模为11亿美元，预计2024年将达到15亿美元[①]。全球MEMS麦克风的主要供应商有楼氏电子（Knowles）、歌尔股份（Goertek）和瑞生科技（AAC）。三家约占全球MEMS麦克风市场的70%以上，过去楼氏电子一直是无可争议的领导者，近年来受到歌尔股份和瑞声科技强有力的竞争，市场份额不断被蚕食。在全部智能传感器种类中，我国MEMS麦克风产业发展水平相对较高。根据Yole数据，全球排名前30的传感器厂商中，中国仅有歌尔股份（排名19）和瑞声科技（排名25）跻身其中，均为MEMS麦克风设计制造商。

MEMS麦克风产业链分为晶圆制造、芯片封装、系统组装等，全球供应链中，处于最上游的就是MEMS芯片的设计商和代工厂，终端麦克风组装则有多家厂商在竞争。MEMS麦克风多以买进标准化MEMS裸芯以及ASIC（专用集成电路）进行封装。MEMS麦克风裸芯用于供应给MEMS麦克风制造商，如英飞凌是歌尔股份、瑞声科技和BSE等主要麦克风厂家的裸芯供应商，欧姆龙则是ST、歌尔股份和瑞声科技的裸芯供应商。

国际巨头在核心技术专利方面要领先国内厂商很多，特别是楼氏电子自

---

① Microphones，Microspeakers and Audio Solutions Market and Technology Trends 2019［R］. Yole Développement，2019–11–30.

2003年就开始推出MEMS麦克风产品，高端技术专利积累使国内企业短时间难以望其项背。除此，英飞凌、欧姆龙等裸芯供应商也对国内芯片厂商形成较高的技术专利壁垒。

歌尔股份和瑞声科技虽然正在挑战楼氏电子的领袖地位，但它们的核心芯片仍受制于国外厂商。因此，MEMS麦克风国产化亟须加强核心芯片的研发及量产，掌握核心知识产权，提升芯片竞争力。

（4）惯性传感器。惯性传感器是一种运动传感器，主要用于测量物体在惯性空间中的运动参数，可分为加速度计和陀螺仪两大类。用于消费电子领域的惯性传感器主要为低精度的MEMS加速度计和MEMS陀螺仪，基本功能是测量物体的直线加速度、倾斜角度、转动速度、振动频率和力度等，这些基本的物理信号通过应用程序的开发，可以衍生出各种各样的功能，如智能手机、可穿戴设备的方向显示、运动检测，AR/VR设备的人体运动轨迹捕捉，无人机的导航与运动检测等。MEMS加速度计和MEMS陀螺仪均由一颗MEMS芯片和一颗ASIC芯片组成，二颗芯片封装一起构成了陀螺仪或加速度计，如图2-13所示。

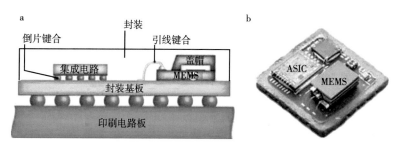

图 2-13　MEMS 陀螺仪（加速度计）内部构造

集成若干轴加速度计和陀螺仪为一体，构成惯性测量单元（Inertial Measurement Unit，IMU），IMU可用于测量物体三轴姿态角（或角速率）以及加速度。ST的九轴MEMS IMU传感器（三轴陀螺仪+三轴加速度计）、InvenSense的九轴IMU传感器（三轴陀螺仪+三轴加速度计），如图2-14所示。

惯性传感器广泛应用于消费电子，预估年用量在数十亿只左右。国外厂家有博世、意法半导体、MCUBE、KIONIX、TDK、亚德诺半导体等；国内厂家有明皓传感、上海矽睿、深迪半导体、水木智芯等。消费电子领域的惯性传感器需要高性价比、产能稳定、低功耗。国内惯性传感器产能较低、良率低、设计能力有差距、价格高。特别是陀螺仪，工艺结构复杂，投资成本高，产品研发工作主要集中在高校和科研院所，国内具有自主设计能力并实现量产的企业较少。

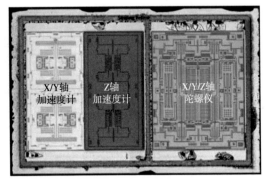

图 2-14　ST IMU 传感器（左）与 InvenSense IMU 传感器（右）

2.3　广东省优劣势与战略选择

2.3.1　广东省优劣势分析

珠三角地区是全球电子产业最重要的生产中心，广东作为我国电子信息产业大省，既是传感器的生产者又是传感器的应用者，体量巨大。近年来广东芯片企业的发展，使电子信息产业链不断完善，往中上游发展。但广东省在传感器领域的发展却是乏善可陈。因此，在2014年《国家集成电路产业发展推进纲要》的推动下，广东的集成电路产业开始顺势而为，随之带动传感器产业向前发展。截至2018年，其产业规模刚超过100亿元，可见还有很大的发展空间。

广东省除深圳、广州、珠海、东莞外，佛山、惠州、肇庆、中山、江门等其他城市的传感器产业发展规模相对较小。但由于当地产业政策，也吸引了一些IC设计企业，结合当地较强的制造业基础和封装测试企业，在广东省集成电路发展中起到支持作用，形成了从半导体芯片设计、制造到智能终端先进制造的传感器产业集群。

2019年，《粤港澳大湾区发展规划纲要》正式出台，提出建设国际科技创新中心，构建开放型区域协同创新共同体，打造高水平科技创新载体和平台，优化区域创新环境，加快发展先进制造业，培育壮大战略性新兴产业等，明确了科技创新与先进制造、新兴产业的战略目标和方向。目前，广东省已初步构建完成"芯片设计—晶圆制造—封装测试—装备材料—终端应用"较为完整的传感器产业链，规划的出台将有利于广东省传感器布局日益完善。

广东省发展传感器产业具有下游市场广阔、产业集中度高、工业制造基础好、粤港澳大湾区发展环境优越等多重优势。随着供应链和产业链的逐步完善，广东省传感器产业的技术实力也在不断攀升。随着5G为代表的新基建全面推进，数字经济快速发展，传感器产业的市场空间不断拓展，也吸引更多科研、资金、人才等要素集聚。

在创新研发方面，广东省也有长足进步。日前发布的《广东省新一代信息技术产业创新发展专利导航分析报告》①显示，广东省在电子核心产品领域专利布局较多，占比29.3%；在5G技术、高端芯片、操作系统等高端技术领域拥有全球领先技术。然而，广东省在传感器的芯片领域的研发能力仍存在短板。数据显示，广东省集成电路制造领域的专利只占广东省电子核心产业专利总量的0.5%，专利布局数量仍然有限。

2.3.2　战略选择

消费电子智能传感器战略性产业的发展，需要高投入、长期投入，要在材料、设计、设备等整个产业链上全方位推进。推进消费电子智能传感器产业发展的关键在于完善投融资环境和科技成果转化机制，依托具有优势的产业集聚区，形成创新能力强、创业环境好、产业链完善的传感器产业基地，支撑引领产业健康发展。

出台相关政策，提高产业战略地位。传感器产业是国民经济的基础性、战

---

① 广东省新一代信息技术产业创新发展专利导航分析报告［R］. 广东省市场监督管理局（知识产权局），2020–04–16.

略性产业之一，对促进工业转型升级、发展战略性新兴产业、推动现代国防建设、保障和提高人民生活水平发挥着重要作用。世界主要发达国家都把传感器列为国家发展战略，我国政府对传感器产业同样高度重视，将传感器产业作为战略新兴产业的重要方向，有助于提高消费电子智能传感器产业的战略地位。

推进产业化应用，研发急需的高端产品。未来5~15年是我国消费电子智能传感器产业快速发展的关键时期。必须在已形成的较为完备的技术体系、制造体系和配套供应体系基础上，以深化改革为动力、以市场需求为牵引、以实现产业化为目标、以消费电子产品创新为主线、以共性技术研发和公共服务平台建设为支撑，推动产业形态从"生产型制造"向"服务型制造"的转变，实现我国消费电子智能传感器产业创新、持续、协调发展。产业有关主管部门将把促进智能传感器产业发展作为培育发展战略性新兴产业、推进工业转型升级的重要支撑，通过发展战略、规划、政策、标准等多种手段，加大对消费电子类智能传感器产业发展的支持。将实施技术创新、产品升级、产业和企业转型升级、产业化应用四大工程，面向重点行业和领域应用，大幅提升主导产品可靠性和稳定性，开发急需的高端产品，建设公共服务平台，研究前沿技术并实现产业化，通过产业形态和产业结构转型升级，提升企业创新能力和产业整体创新能力。

建设传感器产业园区，构建产业集聚区。用5~10年的时间，在国内适合地区，打造一个自然环境良好、产业环境优越、生态和谐的国际化传感器产业园区——中国传感器谷。采用产学研用相结合的立体化发展模式，由500余家公司和科研院所组成，产业聚集优势突出，品牌特色彰显，产业链完整，产业结构合理，年销售额达300亿美元以上，年增长速度大于20%。全行业发展要加强顶层设计，包括战略规划、产业链、生态链的整体布局。要发挥企业在创新发展中的主体作用，通过市场化运作解决投融资问题。引导创新，加强资源整合，从传感器未来发展趋势看，智能化、集成化趋势明显，要加强联合，发挥产业链优势。还要加强合作，尤其是对外合作，提高开放合作的质量等。培育一批销售额超10亿元的传感器龙头企业，做大具有较强国际竞争力的新兴传感技术、传统传感技术、国外高精尖传感企业三大产业集群。

2.4 政策措施

一是尽快完善消费电子传感器领域科技创新体系。加强顶层设计，加快建立以创新中心为核心载体、以公共服务平台和工程数据中心为重要支撑的面向消费电子产业的传感器制造业创新网络，建立电子工业市场化的创新方向选择机制和鼓励创新的风险分担、利益共享机制。采取政府与社会合作、电子产业创新战略联盟或新型研发机构等新机制新模式，形成一批面向消费电子行业的传感器制造业创新中心，开展改善民生服务消费电子产品的关键共性重大技术研究和产业化应用示范。建设传感器制造业工程数据中心，为企业提供创新知识和工程数据的开放共享服务。

二是大力加强消费电子领域传感器关键核心技术攻关。在实施国家重点研发计划中，按照需求导向、问题导向、目标导向，以工业控制、汽车、通信、环保等为重点领域，加大研发投入，形成关键核心技术攻坚体制。协同攻克一批传感器制造领域的"卡脖子技术"，着力突破核心芯片、元器件、软件、智能仪器仪表等基础共性技术，加快传感器网络、传感器集成应用等关键技术研发创新。以MEMS工艺为基础，以集成化、智能化和网络化技术为依托，加强制造工艺和新型消费电子传感器的开发，使主导产品达到或接近国外同类产品的先进水平，为实施国家传感器产业提升工程提供技术支撑。

三是深化科技成果转化制度改革，加快消费电子传感器产业化进程。注重转化机制创新和商业模式创新，加强对中小企业创新的支持。引导各类技术创新要素向企业集聚，鼓励中小企业发展专业性强、有特色的技术与产品。通过组织实施应用示范工程的方式，集成式推广重大技术成果，培育一批消费电子领域传感器龙头企业。

Part
3

汽车电子行业篇

3.1 汽车及其智能传感器

汽车是国民经济重要支柱产业，在国民经济和社会发展中发挥着重要作用。据国家统计局数据，2016年，我国汽车制造业规模以上企业工业产值80440.37亿元，2019年，汽车产量2572.1万辆，连续九年蝉联全球第一。广东省是汽车产业大省，在汽车整车制造、新能源汽车等领域均居全国领先地位。2019年，广东省汽车产量达到了311.7万辆，占全国12.1%，居全国首位，如图3-1所示。依托广汽集团、东风日产、比亚迪、一汽大众等行业龙头公司形成了广州、深圳、佛山三大产业集群，在整车制造领域全国领先。

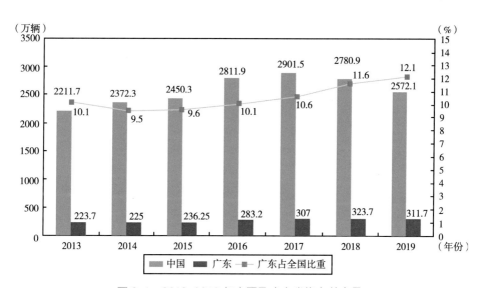

图 3-1　2013~2019 年中国及广东省汽车总产量

传感器是汽车电子控制系统的信息来源，是汽车智能化的根基。从汽车传感器装配目的不同，可以分为提升汽车信息化水平的传统传感器和为自动驾驶提供支撑的高级驾驶辅助系统（ADAS）传感器两大类，如图3-2和图3-3所示，见附件13"汽车所需传感器数量及价格统计"。

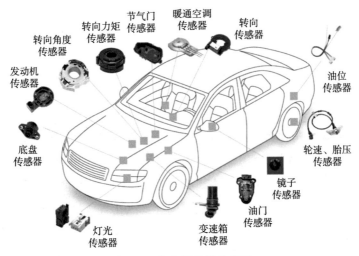

图3-2 汽车用传统传感器

传统传感器主要应用于电子车身稳定程序（ESP）、防抱死（ABS）、电控悬挂（ECS）、胎压监控（TPMS）等系统，依照功能可以分为压力传感器、位置传感器、温度传感器、加速度传感器、角速度传感器、流量传感器、气体浓度传感器、液位传感器，其中压力传感器、加速计、陀螺仪与流量传感器使用量最多，约占传统传感器的90%以上。

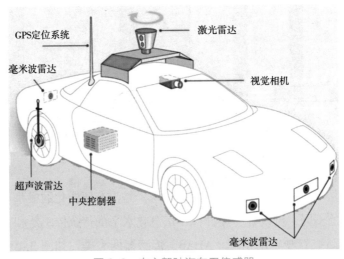

图3-3 自主驾驶汽车用传感器

　　ADAS传感器则直接向外界收集信息，是自主驾驶车辆的"眼睛"。随着汽车无人驾驶技术的突破，汽车电子开始注重传感器的智能化发展。汽车正在向一台安全联网的自动驾驶机器人快速演进，进行环境感知、规划决策，最终实现安全抵达目的地。目前应用于环境感知的主流传感器产品主要包括激光雷达、毫米波雷达、超声波雷达和摄像头四类。

　　市场方面，根据Yolo调研报告，2016年全球汽车传感器市场约为108.98亿美元，预计到2022年约为238亿美元，复合增长率约为13.7%；而2016年全球汽车市场约为2.3万亿美元，未来复合增长率约为3%[①]。可以看出，传感器产值在汽车产业中占比极小，仅为0.48%，但是占比正逐年大幅度提升，如图 3-4 所示。

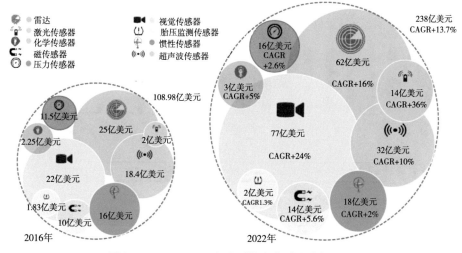

图 3-4　2016~2022 年全球汽车传感器市场预测

资料来源：MEMS and Sensors for Automotive – Market and Technology Trends 2017［R］. Yole Développement，2017.

　　具体到传感器类型，传统传感器包含压力传感器、惯性传感器、磁传感器、化学传感器、胎压监测传感器，市场变化不大，复合增长率仅为3%，与汽车销量增长基本一致，而ADAS传感器，包含视觉传感器、激光雷达、超声

---

① 　MEMS and Sensors for Automotive – Market and Technology Trends 2017［R］. Yole Développement，2017.

波雷达、毫米波雷达，市场需求急速增加，复合增长率约为19%，预计到2022年视觉传感器、毫米波雷达、超声波雷达、激光雷达四个领域的市场分别达到77亿美元、62亿美元、32亿美元和14亿美元。

从传感器全球供应商来看，德国博世、美国安森美、德国英飞凌、荷兰恩智浦、日本电装、美国豪森为主要供应商，其中前10供应商产值约84亿美元，约占整个市场的77%，前20供应商中没有出现中国企业身影，如图3-5所示。

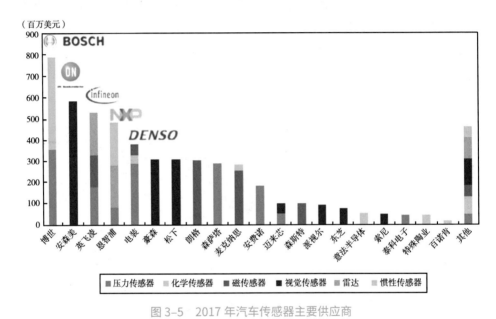

图 3-5　2017 年汽车传感器主要供应商

资料来源：MEMS and Sensors for Automotive – Market and Technology Trends 2017［R］. Yole Développement，2017.

3.2　国内外现状及"卡脖子"问题

近年来，在汽车产业尤其是电动汽车和自动驾驶汽车快速发展的带动下，我国智能传感器产业取得了显著成果，突破了超声波雷达、激光雷达、毫米波雷达等一批关键技术和产品，但与国际先进水平和应用需求相比，技术水平和产业化规模仍有较大差距，自主保障能力严重不足，关键产品受制于人的风险十分突出。据统计，中高端传感器国产化率仍不足10%，在传感器产业链上游的芯片和材料方面国产化率更低，国产传感器厂商规模"小而散"，产品线单一，提供系统整体解决方案能力弱。总体来讲，传统传感器主要性能和指标和美、日、德等发达国家差1~2个数量级，使用寿命差2~3个数量级，ADAS传感器仍处于产品研制和小批试制，还需大规模产业化检验，且整个传感器产业链上游芯片设计和制造为国外把控。汽车用智能传感器产业概况如表3-1所示。

表 3-1 　　　　　　　　　　　　汽车传感器产业概况

传感器类型	国际主要企业	国内主要企业	省内主要企业	备注
压力传感器	博世、电装、迈来芯、森萨塔、英飞凌等	河北美泰、上海宝隆科技、苏州敏芯微、北京青鸟元芯等	暂无	上游芯片国产自给率不足10%，中高端产品国产自给率不足20%
惯性传感器	博世、意法半导体、恩智浦、ADI、TE、村田等	河北美泰、无锡美新	暂无	国产自给率约为5%，本土企业难以进入大型用户供应链
磁传感器	霍尼韦尔、TDK、英飞凌、Sensitec、恩智浦等	上海矽睿、无锡美新	暂无	异性磁阻技术（ARM）产品自给率约为5%，霍尔技术（Hall）、巨磁阻技术（GMR）、隧道结磁阻技术（TMR）产品自给率为0
超声波雷达	博世、法雷奥、日本村田、电装	台湾同致电子、苏州辉创	深圳航盛、深圳豪恩、广东奥迪威	前装产品自给率约为10%
视觉	安森美、豪威、松下、派视尔等	长春长光辰芯光电、江西联创电子	深圳欧菲光	高端产品CMOS芯片自给率约为5%
毫米波雷达	博世、大陆、电装、海拉、德尔福等	北京行易道、南京隼眼科技、苏州毫米波、雷博泰克、华域汽车、宝隆科技	深圳承泰、深圳卓影、深圳安智杰、德赛西威	77吉赫兹毫米波雷达芯片和PCB板自给率几乎为0
激光雷达	美国Velodyne、美国Quanergy、美国Innovusion、德国Ibeo、德国博世、以色列Innoviz等	上海禾赛科技、杭州巨星科技、北京探维、北京北科天绘	深圳速腾聚创、深圳镭神智能、深圳大疆	上游光学元器件、电子元器件自给率几乎为0

3.2.1 传统传感器

（1）压力传感器。用于汽车电子的压力传感器主要有MEMS压力传感器、陶瓷压力传感器、溅射薄膜压力传感器、微熔压力传感器。

MEMS压力传感器量程一般在1kPa~100MPa，具有小型化、易集成等优点，市场需求量最大、应用领域最广，据估计国内每年需求量达到数亿只，其中动力传动系统应用占压力传感器总量的50%以上，安全系统、胎压监测系统等也用到较多的压力传感器。据赛迪顾问数据，2018年中国MEMS压力传感器市场规模约为116.6亿元，2016~2021年年均复合增长率为12%，2021年将突破150亿元，其中汽车电子MEMS压力传感器占比超过一半。

由于汽车电子市场采用垂直整合方式提高效益，大厂商利用产量形成规模经济效应，降低成本，构建竞争优势，目前市场主要为国外博世、电装、迈来芯、森萨塔、英飞凌掌控，国内生产MEMS压力传感器企业众多，但是只有美泰电子、敏芯微、宝隆科技、青鸟元芯具备一定的竞争力。

从产业链来看，整个MEMS压力传感器上游芯片国产自给率不足10%，中高端产品国产自给率不足20%。

（2）惯性传感器。MEMS惯性（组合）传感器又称惯性测量单元，通常包含速度传感器（加速度计）、角速度传感器（陀螺仪）两大类。根据赛迪顾问数据，2018年中国MEMS惯性传感器市场规模约为81.5亿元，2016~2021年年复合增长率为15%，2021年将突破110亿元。

MEMS加速度计在汽车的惯导系统、动力系统、防抱死刹车系统中有着大量的需求，年需求量亿只以上。尤其是自动驾驶技术出现后，需要将惯性测量单元和GPS等绝对定位系统融合使用，是自动驾驶汽车在定位领域的最后一道防线。国际上，博世、恩普、ADI、TE、村田是主要产品供应商，国内美泰、美新具备一定的生产能力，高端产品国内自给率约为10%。

MEMS陀螺仪虽然精度不如光纤陀螺、激光陀螺等高端产品，但其体积小、功耗低、易于数字化和智能化，特别是成本低，易于批量生产，非常适合汽车电子等需要大量生产的设备。陀螺仪属于技术门槛较高的产品，工艺结构复杂，投资成本高，产品研发工作主要集中在高校和科研院所，国内具有自主设计能力并实现量产的企业较少。国外主要供应商为博世、ST、ADI和村田，国内美泰、美新具备一定的供给能力，国产自给率约为5%，但是国内不具备陀螺仪上游芯片设计能力。

（3）磁性传感器。磁传感器从霍尔技术（Hall）先后发展到各项异性磁阻技术（AMR）、巨磁阻技术（GMR）、隧道结磁阻技术（TMR）技术。目前市场上主要的磁传感器芯片是基于霍尔效应开发的，约占全球市场70%。总体上看，磁传感器市场每年以7%左右的速度增长，从2016年的11亿元到2022年预计增长到170亿元[①]，主要原因在于电动汽车和混合动力汽车需要更高的电流控制需求，每辆汽车从20个左右提升到35个左右。

从供应链来看，汽车电子用AMR磁传感器主要依靠霍尼韦尔、村田、Sensitec进口，国产自给率不足10%；高端需求GMR磁传感器主要依靠NVE、Sensitec公司产品，国内暂无GMR磁传感器供应商；TMR磁传感器主要供应商为TDK，国内暂无供应商。总体来讲，用于汽车电子的磁传感器国产化率几乎为零，亟待布局与突破。

3.2.2 ADAS传感器

根据目前常用的对自动驾驶汽车的定义，自动驾驶汽车主要分为L1~L5总共5个级别，分别为L1辅助驾驶、L2部分自动驾驶、L3有条件自动驾驶、L4高度自动驾驶和L5完全自动驾驶。随着级别的升高，自动驾驶的程度也逐渐增加。

目前的主流解决方案是多传感器的融合，其中车载摄像头、超声波雷达、毫米波雷达和激光雷达是自动驾驶汽车获取驾驶环境信息的四大核心部件，汽车ADAS传感器布局如图3-6所示，各传感器的优劣势对比见表3-2。

从传感器零部件的单价来看，车载摄像头的单价持续走低，目前约为150元，预计未来降幅相对较低。目前毫米雷达波的市场供应单价约为500元，预计未来还有一定的降幅空间。激光雷达目前的价格仍然高昂，以激光雷达龙头公司Velodyne LiDAR旗下销售最广泛的16线激光雷达产品VLP-16Puck为例，其目前售价约4000美元，折合人民币近3万元。激光雷达高昂的价格是制约高

---

① Magnetic sensor market and technologies 2017 report［R］. Yole Développement，2017-11-30.

级别自动驾驶汽车快速发展的重要原因，预计未来随着技术的发展和供货量的增加，将有较大的降幅空间。

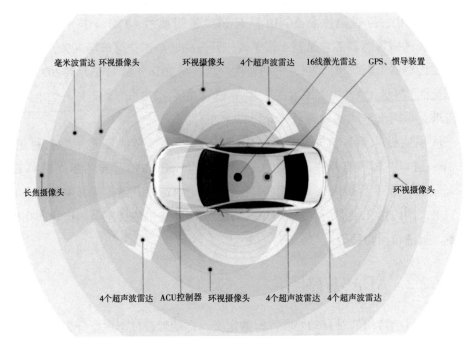

毫米波雷达 环视摄像头　　环视摄像头　4个超声波雷达　16线激光雷达　GPS、惯导装置

长焦摄像头

环视摄像头

4个超声波雷达　ACU控制器　环视摄像头　4个超声波雷达　4个超声波雷达

图 3-6　汽车 ADAS 传感器布局

表 3-2　　　　　　　　　各种 ADAS 传感器优劣势对比

传感器	最远探测距离（米）	探测精度	优势	劣势
摄像头	50	一般	• 分辨率高 • 能探测物体质地和颜色 • 成本低	• 逆光或光影复杂情况效果差 • 受恶劣天气影响 • 受视野影响
超声波雷达	10	高	• 测距方法简单 • 成本低	• 受天气影响大 • 测试距离范围小
毫米波雷达	250	较高	• 不受物体形状和颜色影响 • 探测精度高，受环境影响小 • 性价比高	• 无法探测行人
激光雷达	200	极高	• 探测精度高 • 可以绘制出3D环境地图	• 成本高昂 • 受不良天气影响大

　　随着自动驾驶汽车的快速发展，ADAS传感器在汽车整体中的渗透率不断提升。根据高工智能产业研究院（GGAI）的监测，2018年乘用车新车中L1级别自动驾驶的渗透率约14%，L2级别约5%，合计19%（见图3-7）。根据《汽车产业中长期发展规划》《智能汽车创新发展战略》等国家规划以及行业自身发展的规律等，预计到2025年，各级别自动驾驶渗透率合计达到80%，其中L3级别为20%，L4级别开始进入市场。2018年，我国乘用车销量为2367万辆，假设未来乘用车销量年均增速保持在3%左右。

　　根据以上关于自动驾驶汽车传感器安装数量、传感器单价、自动驾驶汽车的渗透率以及乘用车销量的假设，我们对未来我国自动驾驶汽车传感器的需求量和市场规模进行了预测。我国自动驾驶汽车传感器市场规模2020年约为230亿元，预计到2025年约为600亿元，2020~2025年年均增长约为22%[①]。

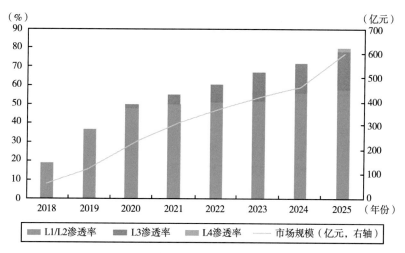

图3-7　无人驾驶汽车市场渗透率及规模

　　对于车载摄像头，预计单车使用量L1/L2级别3颗，L3级别6颗，L4级别10颗，2025年，总需求量预计达到1亿颗，市场规模预计达到100亿元。

　　对于毫米波雷达，预计单车使用量L1/L2级别2颗，L3级别8颗，L4级别12颗，2025年，总需求量预计达到9000万颗，市场规模预计达到300亿元。

　　① 2019~2025年中国自动驾驶行业市场分析预测及投资方向研究报告［R］. 智研咨询，2019–05–22.

对于激光雷达，随着L3级别自动驾驶汽车在2020年开始量产进入市场，其需求量将大幅上升。预计L3级别中部分自动驾驶汽车将使用1颗激光雷达，L4级别将使用2颗，2025年，激光雷达的需求量预计达到440万颗，市场规模达到约200亿元。

从单车价值量来看，目前实现L1/L2级别自动驾驶的传感器单车价值量约1300~2000元，而实现L3、L4级别自动驾驶的成本仍较高，主要受制于激光雷达较高的成本。随着技术进步，成本较低的固态激光雷达将代替成本较高的机械激光雷达；另一方面，大规模批量供货以后，规模效应将进一步拉低成本。2025年，L3/L4级别自动驾驶的传感器成本预计将降低至8000~14000元。

（1）超声波雷达。超声波雷达是通过超声波发射装置向外发出超声波，到接收器接收到发送过来超声波时的时间差来测算距离。目前，常用探头的工作频率有40千赫兹、48千赫兹和58千赫兹三种。一般来说，频率越高，灵敏度越高，但探测角度越小，因此一般采用40千赫兹的探头。超声波雷达防水、防尘，即使有少量的泥沙遮挡也不影响，且价格较低，泊车是最典型的引用场景。根据在汽车的安装位置不同分为UPA和APA，UPA是安装在汽车前后保险杠上的，用于测量汽车前后障碍物，而APA安装在汽车侧面的，用于测量侧方障碍物距离。

从产业来看，博世、法雷奥是产业的巨头，控制着倒车用超声波雷达的主要市场，除此之外，国际厂商如日本村田、尼塞拉、电装、三菱、松下等也很有影响力。国内厂商则有台湾同致电子、深圳航盛电子、深圳豪恩、辉创、上富、奥迪威等，厂商数量很多，但是少有能够进入汽车前装市场的，同致电子就是少有的一个。

博世公司有超声波雷达、倒车雷达、半自动泊车、全自动泊车，超声波雷达增加整个探测范围，提高刷新时间，每一个超声波雷达有一个代码，避免超声波雷达有噪声，可以更加精准。第六代超声波雷达可以很好地识别第五代产品无法识别的低矮物体。博世车用超声波传感器的检测范围为20~450厘米。法雷奥的超声波雷达已经有十年的量产经验，短距超声波雷达覆盖范围为（2~4米）。其最新一代的自动泊车系统Park4U，就是基于超声波雷达，有平行与转角的两种泊车模式。车身前后只需留出40厘米的空间，该系统就能够自动完成泊车过程。其客户有路虎、起亚、大众途安等众多OEM厂商。

同致电子主要生产汽车倒车雷达、遥控中控、后视摄像头、智能车内后视镜等产品，是国内各大汽车厂（如上海通用、上海大众、东风日产、上海汽车、神龙汽车、奇瑞汽车、吉利汽车、福特汽车等）的供应商，也是目前亚洲倒车雷达OEM市场第一供应商。广州奥迪威是一家成立19年的公司，UPA超声波传感器为奥迪威主营产品之一，2017年奥迪威销售超声波传感器近3000万支，中国汽车市场占有率达到近三成，全球汽车倒车雷达传感器市场占有率约9.59%。

（2）视觉传感器。车载摄像头主要包括内视摄像头、后视摄像头、前置摄像头、侧视摄像头、环视摄像头等。目前摄像头车内主要应用于倒车影像（后视）和360度全景（环视），高端汽车的各种辅助设备配备的摄像头可多达8个，用于辅助驾驶员泊车或触发紧急刹车。当摄像头成功取代侧视镜时，汽车上的摄像头数量将达到12个，而随着无人驾驶技术的发展，L3以上智能驾驶车型对摄像头的需求将增加，如表3-3所示。据Yolo统计，2016年全球车载摄像头市场份额约为22亿美元，未来几年复合增长率为24%，预计到2022年市场份额约为77亿美元，占据了汽车电子最大份额。

表 3-3 车载摄像头类型及功能

摄像头类型	安装位置	功能
单目	前视	前向碰撞预警（FCW）、车道偏离预警（LDW）、交通标识识别（TSR）、行人碰撞预警（PCW）
双目		
广角	环视	全景泊车、车道偏离预警（LDW）
广角	后视	后视泊车辅助
广角	测试*2	盲点检测、代替后视镜
广角	内置	闭眼提醒

摄像头由镜头组、图像传感器和DSP数字信号处理芯片三部分组成，目标物体通过镜头生成光学图像投射到图像传感器上，光信号转变为电信号，再经过A/D（模数转换）后变为数字图像信号，最后送到DSP中进行加工处理，由DSP将信号处理成特定格式的图像传输到显示屏上进行显示，产业链如图3-8所示。

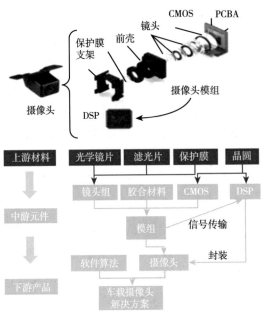

图 3-8　车载摄像头产业链

镜头组方面，是国内企业具备较多优势的领域，舜宇光学、欧菲科技、光宝科技等国内公司市场份额居前，其中舜宇光学市场占有率达到30%以上。

CMOS方面，在车载摄像头COMS图像传感器领域，国内和国外的差距较大，这是由国内半导体技术整体相对落后造成的。目前市场份额主要被国外的安森美半导体、OmniVision、索尼、派视尔（PixelPlus）和东芝等公司所占据，国内暂无相关公司。

摄像头方面，车规级的摄像头对防震、稳定性、持续聚焦特性、热补偿性、杂光强光抗干扰性等都有较高的要求。因此这需要更高的模组组装技术，目前国内在这一领域和国外还存在一定的技术差距。市场主要由国外的松下、索尼、法雷奥、富士通天等厂商所占据，国内的欧菲光、舜宇光学等公司也在积极布局车载摄像头模组市场。

视觉识别系统方面，以色列公司Mobileye是绝对的领导者，占全球市场70%以上。国内德赛西威、华域汽车、宝隆科技等公司积极布局，其中德赛西威已实现量产，与国外的差距正在缩小。

（3）米波雷达。相较于摄像头和激光雷达等车载传感器，毫米波雷达具有独特的优势。毫米波雷达可以穿透尘雾、雨雪等，实现全天候工作，而摄像头和激光雷达等容易受天气限制；毫米波雷达可以实现精准测速和测距；相较于激光雷达，毫米波雷达的成本相对较低，可以在自动驾驶汽车上大规模推广应用。在L3级别中长距离毫米波雷达至少需要4~5个，L4/L5级别再加上侧向需求，毫米波雷达甚至需要8个以上。

目前，车载毫米波雷达的频率主要分为24吉赫兹频段和77吉赫兹频段（76~81吉赫兹），其中77吉赫兹毫米波雷达将成为未来的主流趋势。与24吉赫兹毫米波雷达相比，77吉赫兹频段带宽更大、功率水平更高、探测距离更远；物体分辨准确度提高2~4倍，测速和测距精度提高3~5倍，能检测行人和自行车；且设备体积更小（体积小了1/3），更便于在车辆上安装和部署。

毫米波雷达主要由天线、射频组件、信号处理模块以及控制电路等部分构成，其中天线和MMIC（单片微波集成电路）是最核心的硬件部分，如图3-9所示。

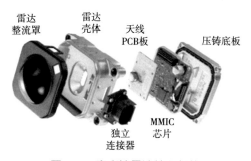

图 3-9 毫米波雷达核心部件

天线方面，国外的主要的高频PCB基材厂商有Rogers（美国）、Taconic（美国）、Schweizer（德国）、Isola（德国），国内主要有生益科技和沪电股份。在技术上，国内厂商技术积累较少，主要做来图加工，而核心元器件仍需从国外进口。

单片微波集成电路（MMIC）方面，技术和市场主要由国外的英飞凌（Infineon）、恩智浦（NXP）、德州仪器（TI）、意法半导体（ST）等公司掌握。国内公司在毫米波雷达领域开始取得重要进展，其中厦门意行半导体已成功研发基于SiGe工艺的24吉赫兹MMIC套片，并被部分国内整车厂应用；加特兰微电子也发布了适用于车载的77吉赫兹CMOS毫米波雷达收发芯片，应用于在奇瑞部分车型上。

毫米波雷达产品方面，国内和国外存在较大的差距。国外主要供应商有博世、大陆、海拉、富士通天、电装等。目前中国市场中高端汽车装配的毫米波雷达传感器全部依赖进口，市场被美、日、德企业垄断，价格昂贵，自主可控迫在眉睫。目前中国24吉赫兹雷达市场主要由法雷奥（Valeo）、海拉（Hella）和博世（Bosch）主导，合计出货量占总出货量的60%以上；中国77吉赫兹雷达主要由大陆集团（Continental）、博世和德尔福（Delphi）主导，合计出货量约占总出货量的80%。国内量产的毫米雷达波产品主要仍为24吉赫兹产品，量产公司主要包括德赛西威和华域汽车等，77吉赫兹产品，德赛西威和华域汽车正处于研发中。

（4）激光雷达。激光雷达与毫米波雷达原理类似，通过向外发射并接收波束的方式来探测计算目标物体的位置和速度等信息，所不同的是，激光雷达使用的是激光，而毫米波雷达使用的是毫米波。激光雷达使用飞行时间（ToF，Time of Flight）技术，在发射激光脉冲之后，使用时间分辨探测器计算激光脉冲遇到目标物体后的折返时间来进行测距。激光的波长相较于毫米波更小，因此激光雷达可以准确测量目标物体轮廓和雷达之间的距离，这些轮廓距离可以组成点云并绘制出3D环境地图，精度可以达到厘米级，极大地提高了测量精度。

激光雷达在获取目标物体距离、方向、高度和速度等信息的基础上，还可以对目标物体进行检测、分类等，为自动驾驶汽车进行驾驶决策提供了丰富的数据支持。

激光雷达可分为测距、发射、光速操纵、探测、数据处理五大关键技术，即五个维度，可以分为23个类别（见图3-10）。

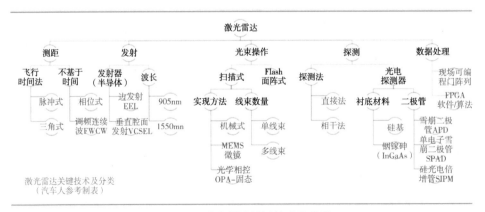

图 3-10　激光雷达关键技术及分类

上游大量的光学元器件和电子元器件，组成了激光发射、激光接收、扫描系统和信息处理四大部分，这四大部分再组装起来，集成为中游产品——激光雷达（见图3-11）。

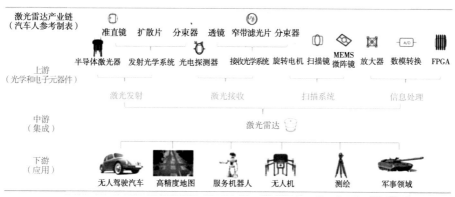

图 3-11　激光雷达产业链

上游的核心元器件厂商，无论是光学元器件还是电子元器件，涉及精密仪器、芯片的加工和制造，目前基本被国外大的厂家所垄断。

在国内，速腾聚创、禾赛科技、北科天绘、镭神智能等国产企业先后崛起，产品主要以机械旋转雷达为主，在满足车规级要求的同时，主打性价比，占据了国内一定的市场，与此同时，大疆、华为等公司也宣布加入激光雷达的战局（见表3-4）。

表 3-4　　　　　　　　　　激光雷达主要厂家及产品

序号	厂商	成立时间	国家	投资方	技术方面/核心产品	合作客户
1	Riegl	1978年	奥地利		激光扫描仪 RIEGLVQ-780 Ⅱ	
2	Velodyne	1983年	美国	福特、百度、尼康	机械式激光雷达32线、64线、128线、MEMS固态混合激光雷达Ultra Puck Auto	谷歌、百度
3	Ibeo	1998年	德国	采埃孚、麦格纳、欧司朗、德尔福	机械式激光雷达Lux 8L、MEMS固态激光雷达Scala	日产、奥迪、丰田、奔驰

续表

序号	厂商	成立时间	国家	投资方	技术方面/核心产品	合作客户
4	北科天绘	2005年	中国	联想之星、智朗创投、云晖、StarVC	机械激光雷达、Flash激光雷达	菜鸟、京东
5	Leddar Tech	2007年	加拿大	麦格纳、德尔福、欧司朗、Desjandins集团	MEMS固态激光雷达、Falsh固态激光雷达	麦格纳、安波福、法雷奥
6	TetraVue	2008年	美国	富士康、博世、青云创投、KLA Tencor、Nautilus Venture Partners	Flash面阵激光雷达	
7	TriLumina	2011年	加拿大	Kickstart Seed Fund、Stage 1 Ventures、Cottonwood Technology Fund	背投光倒装芯片、VCSEL芯片、Flash面阵激光雷达	Denso、Caterpillar
8	Quanergy	2012年	美国	三星、戴姆勒、德州仪器、全球一线基金	OPA固态激光雷达S3	吉利、奔驰、现代、雷诺日产、博世、奥迪、福特
9	禾赛科技	2014年	中国	Pagoda Investment、将门创投、磐古创投、远詹资本	混合固态激光雷达Pandar40、64线机械激光雷达	宝马、德尔福、德国大陆、爱驰亿维、智行者、Roadster.ai、景驰科技、百度
10	Innoviz	2016年	以色列	Zohar Zisapel、软银、三星、中国招商资本、深创投和联新资本	MEMS激光雷达	德尔福、麦格纳、哈曼、恒润科技、安波福、宝马

3.3 广东省优劣势与战略选择

3.3.1 广东省优劣势分析

广东省作为全国汽车产业发展的领头羊，始终将汽车电子产业稳链、强链、补链、延链、控链，打造汽车电子产业生态圈作为工作重点，经过多年持续支持和引导，广东省汽车电子智能传感器在设计、生产、应用、创新等方面已具备一定的基础。

广东省汽车产业规模大，对汽车电子产业拉升带动作用显著，未来智能传感器市场需求强。2018年，广东省实现汽车产量321.58万辆，超越上海、吉林等，位居全国第一。广东省统计局此前相关数据也显示，2018年广东汽车制造业增长7.4%，高于规模以上工业1.1个百分点。新兴工业产品产量快速增长，新能源汽车比上年增长206.1%。广汽新能源、比亚迪、小鹏汽车等一批国内新能源汽车龙头企业对汽车智能传感器的发展具有极大的促进作用。因此，广东省未来的汽车智能传感器市场需求广阔。

广东省电子信息和人工智能产业基础好，为智能传感器的发展提供保障。智能传感器是交叉学科，后端信号智能处理决定了传感器最终性能。2017年，广东省人工智能核心产业规模约260亿元，约占全国1/3，带动相关产业规模超2000亿元，人工智能核心产业及相关产业规模均居全国前列①。广东已成为名副其实的人工智能大省，为智能传感器发展提供了良好的算法基础和技术保障，为智能传感器的发展保驾护航。

广东省拥有一批高水平创新机构，创新环境不断优化。智能传感器具有多学科交叉及创新导向特点，材料、芯片及人工智能算法的创新能够极大地带动下游高技术产业的发展和突破。广东全面创新改革试验的稳步推进，国家自主创新示范区的加快建设，《粤港澳大湾区发展规划纲要》的贯彻实施，为广东省建立多层次、全方位和多形式的粤港台及国际间的技术与创新合作，建设国际科技产业创新中心，充分发挥粤港澳三地科技研发优势，引入国内重点研发机构落户广东拓展了新空间，为智能传感器产业创新打下了良好基础。

ADAS传感器已提前布局，为弯道超车，占据技术与应用战略高地提供基础条件。ADAS传感器作为下一代汽车核心智能传感器，美、欧、日等各国对此进行了积极的战略部署。目前ADAS的研究与应用仍不成熟，但广东省依托新能源汽车与自主驾驶技术已有较早的布局，在国内处于绝对领先地位，部分产品达到国际先进水平。在激光雷达方面，深圳速腾聚创、深圳镭神智能、深

① 广东省人民政府.广东省人民政府关于印发广东省新一代人工智能发展规划的通知［Z］.2018-08-10.

圳大疆都有产品推出，部分性能已达到国际先进水平；在毫米波雷达方面，深圳承泰、深圳卓影、深圳安智杰、德赛西威已实现24吉赫兹量产，77吉赫兹产品已完成研发；超声波雷达方面，广东奥迪威、深圳航盛、深圳豪恩在中低端产品线可以替代国外产品；车载摄像头方面，深圳欧菲光是屈指可数的国内企业之一。

广东省配套多种政策支持汽车用智能传感器的发展。近年来，广东省政府大力促进新能源汽车、新一代人工智能、新材料等产业发展，并配套多种政策予以支持。相关政策及项目包括《粤港澳大湾区发展规划纲要》、广东省重点领域研发计划等，涵盖了传感器材料、传感器产品开发以及传感器应用。这些政策的颁布实施，可鼓励、促进企业的研究热情，降低企业在智能传感器研发及产业化中的风险，促进广东省汽车电子智能传感产业的发展。

然而，汽车智能传感器产业是技术密集型和资金密集型产业，是美、日、德等发达国家对我国技术和专利封锁最严格的领域之一。同时广东省智能传感器产业起步晚、上游材料和芯片缺乏的客观现状造成了广东省汽车用智能传感器在产业生态建设、产品系列、创新能力、公共服务等方面与国外有较大差距，与国内先进水平相比在某些领域仍有一定差距。

智能传感器产业链不完整，上游芯片制造与封测环节整体实力较弱。广东省汽车智能传感器在中游传感器集成及下游传感器应用端实力较强，但在上游与长三角和京津冀相比有较大差距。2018年全国芯片制造和封测领域，TOP10中没有广东省企业。2018年我国MEMS传感器制造企业200多家，主要集中在长三角地区。由于上游产业链的缺失，严重制约了广东省智能传感器发展的水平和可持续性。

汽车智能传感器体系尚不健全。汽车智能传感器分为传统传感器和ADAS传感器两大类。广东在汽车压力传感器、惯性传感器、磁传感器等方面全产业链均属于空白。在ADAS传感器方面虽然已提前布局，但是更多还处于产品研制和小批试制阶段，离大规模应用，特别是在大型汽车企业的应用尚需时间验证。

汽车智能传感器的公共服务能力不完善。虽然广东省拥有一些国家级电子材料测试、赛宝可靠性测试等大型测试评价机构，但是其设备和技术能力仍不能完全覆盖高端智能传感器的测试评价需求，缺少相应的先进设备、测评方法和标准。此外，汽车相关检测需要特殊资质，目前广东省缺少具有相关资质的机构。

汽车智能传感器复合型人才匮乏。由于传感器产业涉及学科多，要求知识面广，新技术层出不穷，长期以来难以吸引顶级人才投身到传感器行业工作。目前广东省仅有中大、华工等少数学校覆盖所涉及的学科体系，但是没有形成复合型人才培养体系。此外，智能传感器与应用紧密相关，需要较强的工程应用背景，这就需要与企业及科研院所广泛深入交流与合作，但目前人才培养尚不具备相关途径。

3.3.2 战略选择

目前，汽车产业正朝着电动化和智能化两个技术方向发展。从市场需求来看，电动化会对汽车电池管理系统监控和电机状态监测提出更高的要求，从而对磁性传感器的需求有显著提升，智能化尤其未来无人驾驶技术的出现，会极大提升高频毫米波雷达和高精度激光雷达需求。基于广东省的优劣势和产业技术基础，建议沿着两条技术路线发展：一是以国内稀缺的磁传感器为方向，通过广汽集团、比亚迪等公司市场需求，培育汽车传统传感器国产化"卡脖子"问题；二是围绕速腾聚创、镭神智能等企业，以人工智能技术为依托，重点发展高技术和高附加值的ADAS传感器，实现跨越式发展；三是依托广东省人工智能技术基础，提前布局传感器智能处理算法。

传统传感器方面，广东省应加大对高性能磁传感器的支持力度。从国家层面布局来看，压力传感器、惯性传感器等传统传感器，虽然国产化自给率较低，但是国内其他省份已经突破了"卡脖子"问题。而目前中国市场销售的磁传感器全部依赖进口，市场被霍尼韦尔、MEAS等国际巨头垄断。磁传感器应用广泛，涵盖曲轴、电路、踏板、液面、卡扣等20多种，高端产品被国际传感器巨头把控，对我国产业发展和自主化进程埋下了巨大隐患。国内磁传感器制造领域研发基础薄弱，设备、人才积累有限，在产品性能改善、良率提升、成本优化方面亟待加强，需在产业链范围内促进自主产品的市场培育及推广。

ADAS传感器方面，广东省应加大对激光雷达和高频毫米波雷达的支持力度，占领技术高地，实现弯道超车。毫米波雷达性能上优于超声波雷达，价格上又比激光雷达有绝对的优势，随着自动驾驶汽车逐步走入量产，未来几年毫米波雷达更加会成为汽车传感器争夺的焦点。目前国内尤其是广东省已有企业突破24吉赫兹毫米波雷达，但是77吉赫兹毫米波雷达仍为国外Tier-1供应商掌控，究其原因在于其上游核心产品属国外禁售产品。近期国内企业宣布突破毫米波雷达芯片，这对毫米波雷达国产化注入了一剂强心针。长远来看，激光雷达是技术上最重要的ADAS传感器，目前受限于价格，市场空间较小，且90%以上市场为美国Velodyne公司和Quanergy把持。国内仅有速腾聚创、镭神智能、禾赛等几家公司突破了产品研制，可喜的是大多为广东省企业，此外广东省具有自动驾驶汽车产业基础，因此广东发展汽车激光雷达具有得天独厚的优势。从国内外产品对比来看，国内产品起步晚，稳定性需进一步验证，与国外有一定差距，但是价格相比国外有绝对优势，依靠国内汽车产业发展，国产激光雷达产业未来可期。

大力发展传感器智能处理算法，将人工智能技术赋能汽车传感器行业，提前布局未来前沿技术。未来为了更大程度发挥传感器的性能，并提高传感器的精度，将多种传感器与大数据、云计算、人工神经网络、深度学习等计算智能方法和数据融合等信息处理方法相结合，广泛应用于越来越复杂的设备状态检测和环境识别中，同时还可以实现传感器自校准等功能。为了使传感器满足汽车应用要求，需开发新传感器智能算法，通过数据融合技术，将多参量数据进行综合处理。为了使传感器功耗更低，还需要研究开发智能控制算法、传感器休眠算法、时间同步算法等。广东省具备国内首屈一指的人工智能基础研究和产业化能力，将人工智能技术赋能汽车传感器，实现两者深度融合，是未来发展的重要方向之一。

国内车载传感器企业若想增强企业及产品在全球市场上的竞争力，必须另辟蹊径，而蹊径之一就是成为车载传感器解决方案供应商。车载传感器解决方案供应商首先需要向整车厂客户提供包含摄像头、毫米波雷达、激光雷达等传感器在内的配套产品方案，以及与产品匹配的多传感器融合技术支持，从客户需求及痛点出发，解决产品与产品、产品与技术之间的兼容性问题。

此外，产品方案在设计上还需要满足车联网（以下简称V2X）技术以及车路协同平台的相关需求。从技术难度上来看，这无疑将产品技术的开发难度上升至了另一个维度。如果将摄像头、毫米波雷达、激光雷达等传感器的融合技术看作二维，那么车载传感器、路测单元、高精地图、5G基站、边缘云、核心云等单元之间的信息交互与融合则是三维。

3.4 政策措施

（1）稳链、强链、补链、延链、控链，打造国产化产业生态链。沿着两条发展路线集聚创新资源。一方面，依托广汽集团、比亚迪等广东省具有优势的整车制造企业，以市场需求为导向，通过海内外并购、引进国内优质科研机构和企业来粤开展汽车电子传统传感器研究、开发和产业化，推进完善产业链布局。另一方面，大力培育德赛西威、欧菲光、奥迪威、速腾聚创、镭神智能、大疆等国内传感器细分行业龙头企业开展汽车超声波雷达、毫米波雷达、摄像头、激光雷达等高附加值传感器研制和产业化。

（2）出台产业扶持政策，加大财政资金支持力度。加大智能传感器核心技术、关键技术和基础技术研发以及智能传感器芯片发展的政策支持，设立专项资金对技术创新型企业进行扶持，重点支持一批应用市场广、具备一定产业基础、易于快速产业化的智能传感器及其核心芯片，在财政、税收等方面给予倾斜，鼓励社会资本通过多种方式进入智能传感器产业。实施基础技术攻关、器件研制、产品检测、标准研发和集成应用一体化的项目支持模式，确保项目研发的产品得到良好应用。

（3）聚焦关键技术、关键产品，开展重点攻关。国产智能传感器技术与国外的差距关键在芯片，因此要加强对智能传感器核心芯片，特别是基于MEMS工艺的芯片、芯片配套算法和驱动程序等技术的自主研发，强化前沿技术战略布局。在产品方面，聚焦固态激光雷达、77~79吉赫兹毫米波雷达开发，突破重点产品上下游核心技术及产业链。

（4）营造良好的智能传感器初期市场应用环境。加快国产传感器发展速度，关键在于推动国产化产品的应用示范与国产化应用。因此，应大力推进国产智能传感器的应用政策，如新传感器首批次保险补偿机制、新传感器首批次应用奖励措施等。同时，打好"政策组合拳"，解决推广应用难的问题，突破"国产不敢用"的瓶颈，保障国产传感器在应用端的市场需求，提高汽车电子智能传感器的国产占有率。

（5）打造产学研用服务平台，助力产业创新发展。提升本土中试服务平台承载能力，建设智能传感器创新中心、测试中心等平台，支撑本土技术产业创新发展。推动并联合企业、大专院校、科研院所、行业协会、支撑机构，成立产业联盟。积极开展关键基础技术联合研发、专利运营、标准制定、知识产权保护等工作，建立标准化工艺库，提升工艺通用性。

（6）加强高端人才培养与引进，鼓励企业与高校合作培养。充分利用各类人才政策，优先引进海外智能传感器高端学术创新人才和产业领域人才。搭建高校和企业联合培养人才的模式，支持建立智能传感器产学研用育人平台。在有条件的高校建设跨学科的智能传感器综合人才培养基地，培养复合型人才。鼓励企业与高校、科研院所建立智能传感器人才交流与联合培养长效机制。

Part
4

工业电子行业篇

4.1　工业电子及其智能传感器

工业电子能够完成工业领域对象（机器人、移动平台、数控机床、自动化产线等）的状态感知、过程监视和控制，实现对象预定功能，是智能制造的核心。2018年，我国智能制造装备市场规模近17000亿元（见图4-1），并保持10%以上的年均增速①。广东省是制造业大省，2017年广东10个智能制造示范基地产值达10230亿元，同比增长10%，市场规模居全国首位，形成了以华为、富士康、美的、格力等龙头企业为代表的大湾区智能制造产业集群②。智能制造将促进工业电子产业规模的迅速增长。

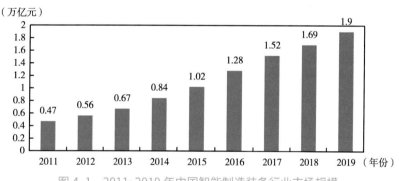

图 4-1　2011~2019 年中国智能制造装备行业市场规模

智能传感器作为工业生产过程的前端感知工具，将待感知、待控制的参数量化并集成应用于工业网络的新型传感器，具有高性能、高可靠性、多功能等特性，带有微处理机系统，具有信息感知采集、诊断处理、交换的能力，是传感器集成化与微处理机相结合的产物，是实现工业智能化的关键，见图4-2和

①　2017-2018中国智能制造发展年度报告［R］.中国电子信息产业发展研究院，世界智能制造大会组委会，2018-10-12.

②　广东省人民政府.广东省人民政府关于印发广东省新一代人工智能发展规划的通知［Z］.2018-08-10.

图4-3。

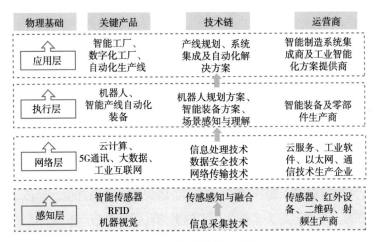

图 4-2 智能制造业产业链

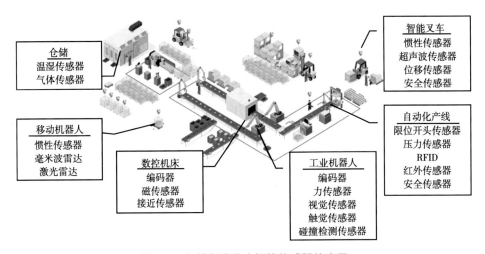

图 4-3 智能制造业中智能传感器的应用

市场方面，2016年，全球工业电子智能传感器市场规模达到350亿美元，年增长率为8%[①]。随着智能制造的深入推进，智能机器人的大量应用以及其产线的柔性化升级，将进一步刺激智能传感器在工业电子领域的需求，市场潜力巨大。根据功能不同，工业电子传感器可分为位置、视觉、力、接近、安全检

---

① 智能传感器产业地图［R］.中国信通院，中国高端芯片联盟，2017-09-10.

测、触觉等类型。近几年在工业自动化的应用情况见图4-4和表4-1。

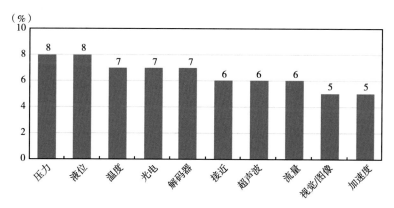

图 4-4　2020 年全球工业智能传感器市场按产品类型划分产品数量占比

资料来源：2021工业智能传感器白皮书［R］.赛迪顾问，2021-06-10.

表 4-1　　　　　　　工业制造过程关键智能传感器类型及功能

工业对象	传感器类型	功能
工业机器人	视觉传感器	物体识别、尺寸检测、深度测量、安全监控
	力传感器	环境力感知、柔顺控制、零力示教
	触觉传感器	接触、压力、温度、局部力、变形检测等
	接近传感器	非接触式测距（短距）、碰撞检测
	听觉传感器	语音交互与控制、故障辅助诊断
	编码器	关节位置量编码、运动控制、状态监控
数控机床	编码器	角位移、直线位移测量
	磁传感器	电流、角度、距离等物理量测量
	接近传感器	接近开头、碰撞检测、行程开关
智能叉车	惯性传感器	检测和测量加速度、倾斜、冲击、振动、旋转和多自由度运动
	超声波传感器	距离检测、机器人防撞、接近开关，防盗报警
	位移传感器	直线位移或角度位移测量
	安全传感器	检测人员是否进入危险区域
移动机器人	激光雷达	测距与地图构建
	视觉传感器	环境感知、深度测量、相对定位、导航
	陀螺仪	姿态感知、角运动检测
	加速度计	线加速度检测、振动分析
	超声波传感器	测距与避障
	红外传感器	测距、人体检测、温度检测

续表

工业对象	传感器类型	功能
自动化产线	视觉传感器	外观检测、设备与工件定位、缺陷检测
	光纤传感器	声场、电场、压力、温度等测量
	压力传感器	加速度、压力与力测量
	流量传感器	流量检测、状态监控
	安全传感器	安全监控与防护
仓储	温湿传感器	温度、温度监测
	气体传感器	异味、有毒气体监测

从全球工业电子领域的传感器供应商来看，美国霍尼韦尔、日本欧姆龙、日本基恩士、德国英飞凌、瑞士盛思锐、意法半导体、荷兰恩智浦、德国SICK为主要供应商，约占市场份额的80%以上。虽然我国压力、温度、光电/接近开关等技术门槛低的智能传感器已经可以满足中端客户的要求，在具备价格优势的情况下抢占外资厂商的份额，但在高端工业传感领域，90%产品依赖进口[①]。目前，国内工业电子领域的智能传感器制造商主要包括美泰科技、四方光电、炜盛科技、昆山双桥、高德红外、必创科技、戴维莱传感、多维科技、汉威电子、矽创电子、明皜传感等公司。

4.2 国内外现状及"卡脖子"问题

4.2.1 国内外现状

近年来，在工业电子产业尤其是"工业4.0"和新一代通讯技术快速发展的带动下，我国智能传感器产业取得了显著成果，突破了压力传感器、图像传感器、温度传感器等一批关键技术和产品，在工业过程检测中取得较好的成效。但在高速、高精的工业测量需求及控制方面与国际先进水平相比，存在技术和产业化规模仍有较大差距、自主保障能力严重不足、关键产品受制于人的风险十分突出等问题。

---

① 智能传感器产业地图［R］.中国信通院，中国高端芯片联盟，2017–09–10.

据统计，中高端智能传感器国产化率仍不足10%，在智能传感器产业链上游的芯片和材料方面国产化率更低，国产智能传感器厂商规模"小而散"，产品线单一，提供系统整体解决方案能力弱。总体来讲，传统传感器主要性能和指标和美、日、德等发达国家差1~2个数量级，使用寿命差2~3个数量级，高端智能传感器仍处于产品研制和小批试制阶段，还需大规模产业化检验，且整个智能传感器产业链上游芯片设计和制造为国外把控。未来工业电子的智能传感器将更多地结合微处理器和新型工艺材料，如表面硅微机械加工以及用来形成三维微机械结构的微立体光刻新技术，可提升传感器的精度和增加传感器环境适应性。同时，与IoT、互联网结合，实现网络化，可实时采集和传递数据。目前，工业电子智能传感器产业概况如表4-2所示。

表 4-2　　　　　　　　工业电子智能传感器国内外产业概况

传感器类型	国际主要企业	国内主要企业	省内主要企业	备注
压力传感器	罗斯蒙特、霍尼韦尔、泰科电子、恩智浦	上海洛丁森、中星测控、麦克传感、福建上润	暂无	上游芯片国产自给率不足10%，中高端产品国产自给率不足20%
惯性传感器	PCB、亚德诺半导体、恩德福克	苏州明皜、中星测控、航天13所、兵器214所	暂无	国产自给率约为5%，本土企业难以进入大型用户供应链
磁传感器	旭化成微电子、霍尼韦尔、罗姆、Melexis、Murata、MEAS、英飞凌、TDK	北京森社、南京托肯、多维科技、无锡美新、微传常州、升威电子	升威电子	异性磁阻技术（ARM）产品自给率约为5%，霍尔技术（Hall）、巨磁阻技术（GMR）、隧道结磁阻技术（TMR）产品自给率为零
光学传感器	索尼、美国OV、三星、豪威、SK海力士、Aptina、佳能、东芝、LG、英飞凌	格科微、思比科、海思半导体、奥比中光、长光辰芯、台湾奇景、海康威视、大华、华力、中芯国际	海思半导体、奥比中光	4K以上高像素国内无成熟的设计与制造能力，涉及8英寸以上工艺，一直被日本、美国、韩国垄断，也是目前摄录像机、手机彩色摄像头的国内严重短板
温度传感器	雅思科、霍尼韦尔	七芯中创、振华云科、北京昆仑海岸、电科48所、电科49所、航天704所、中科银河芯	暂无	国外已推出多种高精度、高分辨力的智能温度传感器，分辨力可达0.5~0.0625℃。而国内测温精度较低，分辨力只能达到±0.1℃

续表

传感器类型	国际主要企业	国内主要企业	省内主要企业	备注
气体传感器	费加罗、FIS、sensirion、SGX、Dynament、霍尼韦尔、UST、美国阿旺斯、博世	汉威电子、四方光电、炜盛科技、三智慧云谷、博立信科技、重庆声光电、中电38所、中煤科工	暂无	气体传感器上游芯片的供应商主要以美、日、德的公司为主，而国产自给率约为5%，本土企业难以进入大型用户供应链

4.2.2 "卡脖子"问题

（1）压力传感器。压力传感器是能感受压力信号，并能按照一定的规律将压力信号转换成可用的输出的电信号的器件或装置，根据工艺和工作原理不同分为MEMS压力传感器、陶瓷压力传感器、溅射薄膜压力传感器、微熔压力传感器、传统应变片压力传感器、蓝宝石压力传感器、压电压力传感器、光纤压力传感器和谐振压力传感器（见表4-3）。

表4-3　　　　　　　　　压力传感器类型及其应用情况对比

制备技术	优点	应用领域	国外企业	国内企业
MEMS压力传感器	小型化可量产灵敏度高	石油、电力、轨道交通、化工、机械制造等	罗斯蒙特，霍尼韦尔，泰科电子，恩智浦	洛丁森，中星测控，麦克传感，福建上润
陶瓷技术	耐腐蚀	工业空气压缩机、城市供水系统水压压力传感器、工业制冷系统压力传感器	matellux（德国）、森萨塔、E+H、爱默生、德尔福、电装	中星测控、无锡盛迈克（陶瓷进口）、深圳安培龙（陶瓷进口）、东风汽车、川仪、陕西华经
溅射薄膜技术	耐高温（180℃）、耐高压、耐腐蚀、破坏压力高	工程机械、军工	STW（德国）	航天44所、航天11所、航天704所、湖南启泰、中电48所、中电13所
微熔技术（硅）	环境适应力强，和陶瓷、应变片类似，可批量生产，成本较低	空调制冷	TE泰科电子、森萨塔	南京沃天、宝鸡麦克、上海朝晖
传统应变片技术（金属	灵活应用，形状可变，目前在一些特殊要求领域应用	计量领域	HBM（德国）	中航电测

续表

制备技术	优点	应用领域	国外企业	国内企业
蓝宝石技术	适用温度范围宽（70~350℃）	军工（飞机发动机等）、石油	俄华通、Kulite	中电49所、沈阳仪表院
压电技术（石英、硅）	动态高频响	军工、爆破环境（武器弹药爆破毁伤实验等）	丹麦B&K、奇石乐、endevco、PCB	西北核研究所、江苏联能
光纤技术	耐辐射、耐恶劣环境（耐高温1000℃以上，高湿、油污）	航空、核辐射、海上石油钻井等危险环境	openal（美国）、isweek（加拿大）	中科院深圳研究院、中电8所
谐振技术	高精度（十万分之一）	石油、气象（飞机高度高精度定位、气象、工业用高精度过程控制）	scientific、GE、横河	航空161厂（成都）、北航、中科院电子所、中电13所、川仪、太航仪表

①MEMS压力传感器。MEMS压力传感器量程一般在1kPa~100MPa，具有小型化、可量产、易集成等优点，市场需求量最大、应用领域最广，是智能压力传感器的重要载体。MEMS压力传感器技术现在已较为成熟，基本可以分为压阻式和电容式两类，据推断该领域不会出现较大的技术突破，主要是渐进式的技术改进，像所有半导体产品一样，微型化是重要发展方向。MEMS压力传感器在工业电子领域的主要指标要求是精度、功耗和可靠性，主要应用领域包括石油、电力、轨道交通工业过程控制和状态监测，航空航天气流压力检测等。

在不同的应用行业，MEMS压力传感器的竞争态势不尽相同，在工业电子领域，MEMS压力传感器的竞争态势呈现细分化特点。大多数厂商都会采取进入多个细分市场和加入增值模块来扩大自己的业务及提升竞争力。也有少数公司只专注在航空电子及高端市场领域，如美国的库力特（Kulite）。国内生产MEMS压力传感器的企业众多，专注于MEMS压力传感器的部分企业主要包括敏芯微电子、美泰电子、麦克传感器、芯敏微系统等。

②多轴力传感器。多轴力传感器由支撑件、弹性元件、姿态测量单元、调理电路、处理芯片组成（如图4-5和图4-6所示），主要通过压敏元件来间接测量所受力。装于机器人关节处力觉传感器通常以固定的三坐标形式出现，有利于满足控制系统的要求。

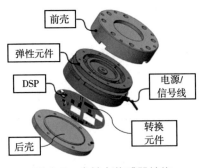

图 4-5　多轴力传感器结构

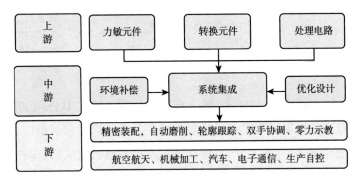

图 4-6　多轴力传感器产业链

目前的六维力传感器可实现全力信息的测量，因其主要安装于腕关节处也被称为腕力觉传感器。

转换元件方面，主要有应变片、压电陶瓷、扩散硅、蓝宝石、电容等。国内有较完整产业链，可以实现低端产品的国产化，但是加工工艺整体落后。应变片的代表性国外企业包括：德国的 HBM、美国的 Vishay 与日本 KYWOA，国内品牌包括中航电测等；压电陶瓷的高端产品基本被国外公司占据，如日本村田、京都陶瓷、德国 EPCOS、PI、美国摩根等，国内企业存在规模小、产品品种单一等问题，只能占据低端市场，代表公司包括西安康弘、浙江嘉康等。

在力传感器加工制造方面，2017 年全国压力传感器市场规模为 14 亿美元，年增长率约 7.5%。目前国产力传感器在过程控制领域可基本实现国产化，主要厂商及研究机构包括东风科技、华工科技、中科院合肥智能机械研究所、东南大学等；高端工业传感领域，90% 产品依赖进口，主要供应商包括 ATI、

Robotiq、Kistler 等[①]。

目前国内外的差距主要体现在：上游产品质量因素；传感器结构与设计优化方法；由于多维力传感器的测量精度对外界环境变化较敏感，温度、湿度、粉尘、磁干扰等，国产产品在复杂因素干扰下的补偿方法有一定差距。

③其他压力传感器。从产品用量来看，陶瓷压力传感器是除 MEMS 压力传感器外用量最大的种类，耐腐蚀的优点使其广泛应用于汽车电子和工业电子，如汽车的发动机系统、暖通空调系统、柴油尿素包，工业制冷系统等，国内年需求量约为数千万只。溅射薄膜压力传感器和微熔压力传感器环境适应性较强，主要用于汽车电子和工业电子。传统应变片技术制作的压力传感器逐渐被 MEMS 技术和溅射薄膜技术所取代，但由于具备形状可变灵活应用的特点，目前在计量等一些有特殊要求的领域仍在使用。蓝宝石压力传感器、压电压力传感器、光纤压力传感器和谐振压力传感器具备耐高温、耐恶劣环境等强环境适应性，一般多用于国防军工、航空航天、石油勘探等领域，国内主要厂商集中在相关高校与科研院所。

（2）图像传感器。视觉是自然界的生物获取外部环境信息的最有效手段，人类80%的环境感知信息都是依靠视觉获取的，通过对生物视觉的研究从而模仿制作视觉传感器是智能工厂的核心部件。目前在智能工厂中使用的视觉传感器主要包括平面视觉传感器和深度视觉传感器两大类。

平面视觉传感器只能得到二维图像，从不同角度上看同一物体，得到的图像不同，以及光源的位置不同，得到的图像的明暗程度与分布也不同，是智能工厂中柔性产线对工件的缺陷检测、尺寸测量的主要传感器。同时，随着智能制造中机器人、移动机器人的智能化程度提升，需要进行物体识别、行为识别及场景建模，此时，平面视觉传感器所拍摄的图像无法获知物体与相机的距离信息。

深度视觉传感器不仅能获取到环境的平面图像，还能拍摄对象的深度信息，也就是三维的位置和尺寸信息，是智能工厂中机器人操作不可或缺的智能传感器之一，其用途主要包括物体识别、深度测量、运动跟踪、安全监控等。据 Trend Force 报告显示，2018 年全球深度视觉传感模块的市场价值约为51.2

---

① 智能传感器产业地图［R］.中国信通院，中国高端芯片联盟，2017–09–10.

亿美元。目前，深度传感器主要包括结构光深度视觉传感器、双目深度视觉传感器、光飞行时间法（ToF）深度传感器，三者的对比信息如表4–4所示。

表4–4   深度视觉传感器的对比信息

类型	原理	核心部件	优点	缺点	代表公司
结构光	激光散斑编码：通过近红外激光器，将具有一定结构特征的光线投射到被拍摄物体上，再由专门的红外摄像头进行采集	IR发射、IR接收、镜头、图像处理芯片	体积小；功耗低；主动光源，夜晚也可使用；在一定范围内精度高，分辨率高	容易受环境光干扰，室外体验差；随检测距离增加，精度会变差	国外：苹果、微软、英特尔、Mantis Vision；国内：奥比中光
双目式	双目匹配，三角测量：基于视差原理，并利用成像设备从不同的位置获取被测物体的两幅图像，通过计算图像对应点间的位置偏差，来获取物体三维信息	光源、光学部件、图像处理器、控制电路以及处理电路	硬件要求低，成本也低；室内外都适用。只要光线合适，不要太昏暗	对环境光照非常敏感；不适用单调缺乏纹理的场景；计算复杂度高；体积大，基线限制了测量范围	国外：Stereolabs、DUO MLX 国内：图漾科技、舜宇光学
TOF	反射时差：通过给目标连续发射激光脉冲，然后用传感器接收反射光线，通过探测光脉冲的飞行往返时间来得到确切的目标物距离	光源、光学部件、传感器（TOF芯片）、控制电路以及处理电路	检测距离远，在激光能量够的情况下可达几十米；受环境光干扰比较小	对设备要求高，特别是时间测量模块；资源消耗大；边缘精度低；帧率和分辨率较低	国外：美国德州仪器、意法半导体、德国英飞凌、日本松下、日本基恩士；国内：光程研创（台）

　　根据透明市场研究报告显示，2021年，全球视觉市场预计将达285亿美元，2015~2021年，以8.4%的复合年增长率增长。其中，美国康耐视，日本基恩士、日本欧姆龙株式会社、德国巴斯勒，德国盟军视觉技术、瑞典Adept Technology、德国ISRA VISION AG、美国迈思肯系统、美国电子科学工业公司、澳大利亚Seeing Machines几乎垄断了全球90%以上的视觉传感器市场[①]。而国内的海康威视、旷视科技、商汤科技、云从科技、依图科技市场份额不足10%。

　　视觉传感器主要由光源、镜头、图像传感器、模数转换器、图像处理器、

---

　　① 机器视觉技术市场——2015~2021年全球产业分析、规模、分享、成长、发展趋势及前景预测［R］. Transparency Market Research，2015.

图像存储器等组成（见图4-7）。图像传感器是视觉传感器的核心部件，它的作用是将镜头所成的图像转变为数字和模拟信号输出，主要有CCD图像传感器和CMOS图像传感器。两者的主要差异在于：CCD传感器中每一行中每一个像素的电荷数据都会依次传送到下一个像素中，由最底端部分输出，再经由传感器边缘的放大器进行放大输出；而在CMOS传感器中，每个像素都会邻接一个放大器及A/D转换电路以类似内存电路的方式将数据输出。CMOS凭借低成本、设计简单、尺寸小、功耗低、高集成度等优势，目前在视觉传感器市场迅速取代了CCD（电荷耦合器件），市场份额已超过99%。

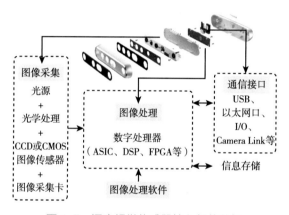

图 4-7　深度视觉传感器核心部件分解

CMOS图像传感器方面，据Yuanta报告显示，2018年全球CMOS图像传感器的市场规模为137亿美元，其中，索尼的市场占有率为49.9%，排在行业第一；三星排名第二，市场占有率为19.6%；豪威科技排名第三，市场占有率达到10.3%；SK海力士排在了第四位，安森美排在第五位。而国内格科微、思比科等公司自主研发了CMOS图像处理器，在规模和技术上与国外相比差距较大，仅在中低端市场认可度较高，在高端市场遇阻。

光源方面，国外的制造商主要以日本CCS和美国Ai为主；国内的东莞市沃德普、广东奥普特、上海纬朗光电等公司市场份额居前，能够满足国内市场需求。

镜头方面，主要以美国Navitar、德国施耐德、德国卡尔蔡司、日本Moritex、日本KOWA为主，而国内有深圳东正光学、江苏慕藤光、广东普密斯等公司。

图像采集卡方面，国内的发展较为完善和成熟，从摄像头中获得数据（模拟信号或数字信号），然后转成电脑能处理的信号，相关公司包括杭州海康威视、北京凌云、北京嘉恒图像等。

图像处理软件方面，国内外差距较大，目前全球市场主流软件包括美国康耐视的Vision Pro以及德国MVTec的HALCON。国内，深圳创科视觉的Ck Vision Bulider V3.0、北京维视图像的Visionbank SVS，广东奥普特的SCIVision等。

（3）光电编码器。编码器主要用来检测机械运动的速度、位置、角度、距离或计数等信息，常用于产业机械，以及控制伺服马达均需配备编码器以供马达控制器作为换相、速度及位置的检出。根据检测原理，可以分为光学式、磁式、感应式和电容式等（见表4-5）。

表 4-5 编码器分类及其优缺点分析

传感器类型	优点	缺点	应用领域
光电编码器	体积小，精密，本身分辨度可以很高，无接触无磨损	精密但对户外及恶劣环境下使用提出较高的保护要求；量测直线位移需依赖机械装置转换，需消除机械间隙带来的误差；检测轨道运行物体难以克服滑差	数控机床、回转台、服传动、机器人、雷达、军事目标测定
磁编码器	体积适中，直接测量直线位移，绝对数字编码，理论量程没有限制	分辨度1毫米不高；测量直线和角度要使用不同品种；不适于在精小处实施位移检测	工业控制、机械制造、船舶、纺织、印刷、航空、航天、雷达、通信、军工等领域
接触式编码器	高精度、高分辨率、高可靠性	①接触式编码器的分辨率受到电刷的限制，不能做到很高；②接触产生摩擦，使用寿命较短；③触点接触，不允许高速运转	应用较少

光电编码器具有分辨率高、测量范围广、精度高、使用可靠、易于维护、结构简单等优点，且有很高的性价比，已普遍应用于精密测角装置、机器人、回转台、伺服传动、数控机床以及高精度闭环调速系统等领域，是自动化系统中非常理想的角速度传感器。光电编码器基本原理见图4-8，其产业链组成见图4-9。

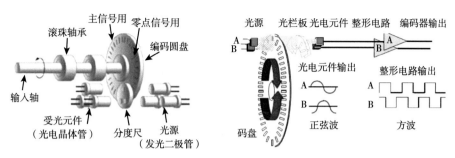

图 4-8　光电编码器基本原理

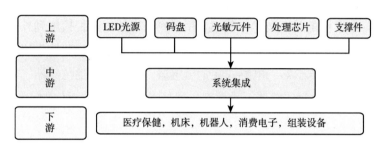

图 4-9　光电编码器产业链

　　码盘的精度直接决定了光电编码器的精度，以直径为40毫米的20位码盘来说，如果要求达到1″的分辨率，其外圈的划分间隔不到0.1微米，因此精度的提升与制作工艺还有着密切的关系。受精密加工等能力的制约，国产码盘在精度与可靠性等方面与国外相比有一定差距。目前高端产品市场主要被库伯勒、沃森道夫、倍加福等外国企业把持，占有率超过85%。

　　处理芯片是光电编码器处理电路的核心，目前光电编码器的核心芯片严重依赖进口，而国内编码器厂家的高端产品大多采用德日的整体解决方案，包括AMS、Melexis、IC-HAUS等，国外品牌的市场占有率超过90%，市场规模普遍较小[①]。

　　市场方面，近年来，全球编码器市场稳定增长。2019年，全球编码器市场规模约为83亿美元，预计到2022年，全球的编码器市场将达到100亿美元。近年来，我国编码器市场呈现较快的发展速度。2019年，我国编码器市场规模约为15.2亿元，近三年的复合增长率约为9%；预计到2022年，我国编码

---

　　① 2021~2025年中国重载型编码器市场分析及发展前景研究报告［R］. 新思界产业研究中心，2021.

器市场规模将达到21亿元①。下游行业运用中，电梯一直是编码器运用最广的行业，占比达46.7%，其次分别是机床（26%）、纺织机械（9.9%）、包装机械（6.3%），预计未来工业机器人和电子设备制造行业运用编码器的比重将逐步提升。目前我国编码器市场行业前三为海德汉、多摩川、禹衡，占据了50%的份额。其中欧美品牌占据了高端市场，其产品价格较高，韩日企业占据了中端市场，国内企业主要进攻低端市场，以量取胜。

（4）触觉传感器。触觉是人与外界环境直接接触时的重要感觉功能，包括触觉、压觉、力觉、滑觉、冷热觉等。研制模仿人类触觉功能的传感器是智能工厂中机器人操作的关键技术，其主要用于判断机器人是否接触到外界物体或测量被接触物体的特征。目前在智能工厂中使用的触觉传感器按作用原理可分为电容式触觉阵列传感器、电感式触觉传感器、光电式触觉传感器、压阻式触觉传感器、压电式触觉传感器五种类型，其基本原理及性能对比如表4-6所示。

表4-6　　　　　　　　　　触觉传感分类及其优缺点对比

类型	原理	核心部件	优点	缺点
电容式	外力使极板间的相对位移发生变化，从而使电容发生变化，通过检测电容变化量来测量触觉力	电容传感器	量程大；线性好；制造成本低；实时性高	物理尺寸大，不易集成化；易受噪声影响，稳定性差
电感式	基于电磁感应原理制成。把压力转换成线圈的自感与互感系数的变化，再转换为电压或电流的变化	电感传感器	成本低；量程范围大	物理尺寸大，不易集成化；易受噪声影响，稳定性差
光电式	基于全内反射原理制成。当界面上的压力发生变化时，敏感元件的反射强度和光源频率相应发生变化	光源、光电探测器	灵敏度高；较高空间分辨率；电磁干扰较小	多力共同作用时，线性较差；数据实时性差；标定困难
压阻式	基于半导体材料的压阻效应制成。当受到外力作用，各电阻值将发生变化，电桥产生相应的不平衡输出	压敏电阻、有机晶体管	较高的灵敏度；过载承受能力强	压敏电阻漏电流稳定性差；体积大；功耗高；易受噪声影响；接触表面易碎
压电式	在压力作用下压电材料两端面间出现电位差；反之，施加电压则产生机械应力	力敏元件	动态范围宽；有较好的耐用性	易受热响应效应影响

---

① 2021~2027年全球与中国光学编码器芯片市场现状及未来发展趋势［R］.恒州博智电子及半导体研究中心，2021-06-30.

据QYResearch报告显示，2019年全球触觉传感器市场总值达到了5.3亿元，预计到2026年将达到13亿元，年复合增长率为13.1％，并且欧洲和日本分别占有18.52％和14.86％的市场份额，仍将发挥不可忽视的重要作用。目前，美国与德国的触觉传感器公司占总市场份额的71％以上，包括美国Tekscan，美国Pressure Profile Systems，美国Sensor Products Inc.，德国Weiss Robotics，美国SynTouch，德国Tacterion GmbH等，并有望在预测期内保持其在市场上的主导地位。

触觉传感器的上游材料主要包括三方面（见图4-10）。一是衬底材料方面，采用高柔韧性的聚合物材料，例如聚二甲基硅氧烷（PDMS）、聚对苯二甲酸乙二酯（PET）、聚酰亚胺（PI）、聚乙烯（PE）和聚氨酯（PU）等。此外一些生活中的棉布、丝绸、纸也可用于传感器基底。二是活性层方面，柔性触觉传感器最重要的组成部分是活性层，而具有优异的机械性能和电子特性的活性材料是决定活性层性能的关键，石墨烯、碳纳米管、导电高分子、离子导体、金属纳米材料等具有较高导电性，可用于柔性触觉传感器的活性层。三是电极材料方面，电极是柔性触觉传感器中输入和导出电流的两个端极，在器件制备过程中，电极材料也是影响器件灵敏度和稳定性的重要因素。

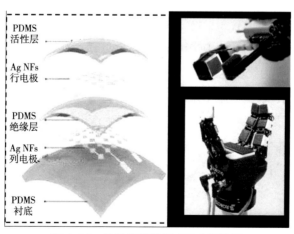

图4-10　触觉传感器组成及应用示例

（5）温度传感器。温度传感器是工业电子中应用最广泛的传感器之一，是指能感受温度并转换成可用输出信号的传感器，其特点是能输出温度数据及相关的温度控制量，能够适配各种微控制器。目前，最常见的温度检测方法是使用热电偶、热敏电阻、模拟温度、数字式等温度传感器。

①热电偶传感器。两种不同导体或半导体的组合称为热电偶。热电势EAB（T，T0）是由接触电势和温差电势合成的，接触电势是指两种不同的导体或半导体在接触处产生的电势，此电势与两种导体或半导体的性质及在接触点的温度有关，当有两种不同的导体和半导体A和B组成一个回路，其相互连接时，只要两结点处的温度不同，一端温度为T，称为工作端，另一端温度为T0，称为自由端，则回路中就有电流产生，即回路中存在的电动势称为热电动势，这种由于温度不同而产生电动势的现象称为塞贝克效应。

②热敏电阻传感器。热敏电阻是敏感元件的一类，热敏电阻的电阻值会随着温度的变化而改变，与一般的固定电阻不同，属于可变电阻的一类，广泛应用于各种电子元器件中，不同于电阻温度计使用纯金属，在热敏电阻器中使用的材料通常是陶瓷或聚合物，正温度系数热敏电阻器在温度越高时电阻值越大，负温度系数热敏电阻器在温度越高时电阻值越低，它们同属于半导体器件，热敏电阻通常在有限的温度范围内实现较高的精度，通常是–90~130℃。

③模拟温度传感器。HTG3515CH是一款电压输出型温度传感器，输出电压1~3.6V，精度为±3％RH，0~100％RH相对湿度范围，工作温度范围–40~110℃，5s响应时间，0±1％RH迟滞，是一个带温湿度一体输出接口的模块，专门为OEM客户设计应用在需要一个可靠，精密测量的地方。带有微型控制芯片，湿度为线性电压输出，带10Kohm NTC温度输出。HTG3515CH可用于大批量生产和要求测量精度较高的地方。

④数字式温度传感器。它是采用硅工艺生产的数字式温度传感器，其采用PTAT结构，具有精确的、与温度相关的良好输出特性，PTAT的输出通过占空比比较器调制成数字信号，占空比与温度的关系为C=0.32+0.0047*t，t为摄氏度。输出数字信号与微处理器MCU兼容，通过处理器的高频采样可算出输出电压方波信号的占空比，即可得到温度。该款温度传感器因其特殊工艺，分辨率优于0.005K。测量温度范围为–45~130℃，故广泛被用于高精度场合。

智能温度传感器主要由温度传感器、A/D转换器、信号处理器、存储器和接口电路等部件组成。

市场方面，目前，国外雅思科、霍尼韦尔等公司已推出多种高精度、高分辨力的智能温度传感器，分辨力可达0.5~0.0625℃。而国内七芯中创、振华云科、北京昆仑海岸、电科48所、电科49所、航天704所、中科银河芯等公司的产品测温精度较低，分辨力只能达到±0.1℃。

⑤气体传感器。气体传感器是一种将某种气体体积分数转化成对应电信号的转换器。探测头通过气体传感器对气体样品进行调理，通常包括滤除杂质和干扰气体、干燥或制冷处理仪表显示部分。

气体传感器具有响应速度快、定量分析、成本低廉等优点，在工业领域受到广泛应用，它的基本特征，即灵敏度、选择性以及稳定性等，主要通过材料的选择来确定，选择适当的材料和开发新材料，使气体传感器的敏感特性达到最优。气体传感器的分类及其应用情况见表4-7。

表 4-7　　　　　　　　气体传感器分类及其应用情况对比

类型	原理	适用范围与领域
电化学气体传感器	利用被检测气体的电化学活性，将其电化学还原或者氧化，以此来检测气体的浓度和成分	低浓度毒性气体检测，以及氧气和酒精等无毒气体的检测，目前主要应用在各种工业领域以及道路交通安全检测领域
半导体气体传感器	半导体式气体传感器是由金属半导体氧化物或者金属氧化物材料制成的检测元件，与气体相互作用时产生表面吸附和反应，引起载流子运动为特征的电导率或伏安特性或表面电位变化而进行气体浓度测量	在家用燃气检测、智能家电等领域大量应用
催化燃烧式气体传感器	利用催化燃烧的热效应原理，由检测元件和补偿元件配对构成测量电桥，在一定温度条件下，可燃气体在检测元件载体表面及催化剂的作用下发生无焰燃烧，载体温度就升高，通过它内部的铂丝电阻也相应升高，从而使平衡电桥失去平衡，输出一个与可燃气体浓度成正比的电信号。通过测量铂丝的电阻变化的大小，就知道可燃性气体的浓度	主要用于可燃性气体的检测，具有输出信号线性好，指数可靠，价格便宜，不会与其他非可燃性气体发生交叉感染
红外气体传感器	基于不同气体分子的近红外光谱选择吸收特性，根据气体浓度与吸收强度关系鉴别气体组分并确定其浓度的气体传感装置	主要应用在暖通空调与室内空气质量监控、工业过程及安全防护监控、农业及畜牧业生产过程监控等领域

近年来，随着互联网与物联网的高速发展，气体传感器在新兴的智能家居、可穿戴设备、智能移动终端等领域的应用突飞猛进，大幅扩展了应用空间，需求量也发生数量级的改变。2020年，全球气体传感器市场规模约为10.3亿美元，预计到2026年将达到18亿美元，未来6年间的年复合增长率为10%（见图4-11）。国内，近几年气体传感器受到越来越多的关注，随着物联网市场的发展，气体传感器市场规模也在不断扩大。据Yole的调研预估，中国气体传感器市场规模达到了4000多万个，其中2015~2018年年复合增长率为55%（见图4-12）。

气体传感器的应用领域多为朝阳产业（见图4-13），市场需求具有良好成长性及可持续性。未来，伴随我国电子元件技术的发展以及国内优秀企业的快速成长，电子元件的国产化替代有望加速，其价格将随着我国企业的介入呈现加速下降的趋势。

2020~2026年气体与颗粒传感器预测——应用市场份额（$M：百万美元；$B：十亿美元）

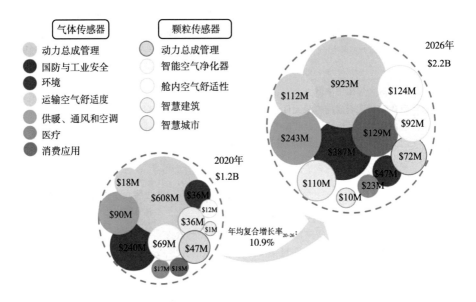

（*Yole Développement*, *July 2021*）

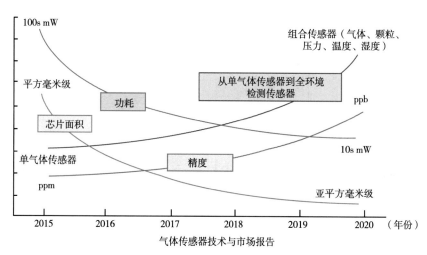

图 4-11　气体传感器市场预测与产品发展路线

资料来源：Gas and Particle Sensors – Technology and Market Trends 2021［R］. Yole Développement，2021-07-06.

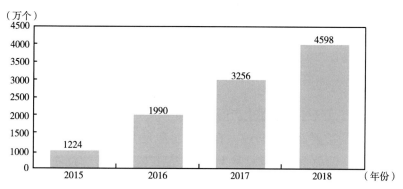

图 4-12　2015~2018 年中国气体传感器市场规模

　　气体传感器的上游为电子元件、光学材料、探测器、贵金属材料、精密加工等行业。电子元件等工业制成品行业处于高度竞争状态，厂商众多，竞争激烈，产品普遍供大于求。同时，具有行业优势地位的企业可以利用自身采购的规模优势与上游企业谈判，获得采购价格优势、稳定货源和可靠的产品质量。

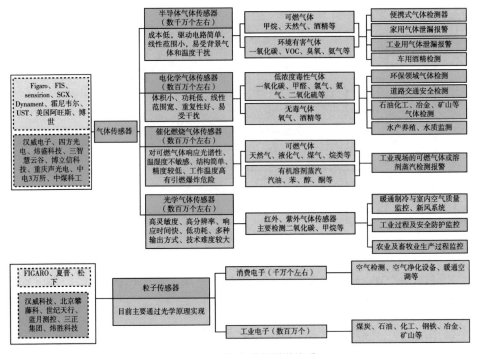

图 4-13　气体传感器型谱体系

资料来源：智能传感器型谱体系与发展战略白皮书［R］.中国电子技术标准化研究院，2019-08-05.

从全球来看，气体传感器生产商主要集中在英、日、德、美和中国，由于我国对该市场的重要性认识较晚，直到20世纪80年代才有企业进入气体传感器市场。目前，国内企业能够批量生产的产品仅限于半导体及催化燃烧类，生产企业也仅限于太原腾星、炜盛电子、深圳戴维莱、邯郸718所等少数企业，大部分企业只能依赖国外企业提供的气体传感器生产气体检测仪器仪表，2018年国内气体传感器产量为1684万个。

相对发达国家而言，我国气体传感器发展历史较短、技术基础薄弱，2018年我国气体传感器行业市场规模约1.69亿元，同比2017年的1.48亿元增长了14.19%（见图4-14）[①]，其使用场景如表4-8所示。

_____

① 2019~2025年中国气体传感器市场现状调查及发展前景预测报告［R］.智研咨询集团，2019.

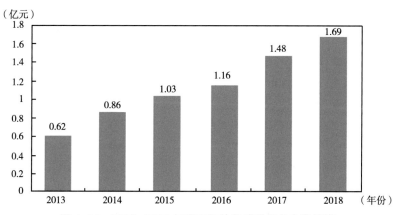

图4-14　2013~2018年我国气体传感器行业市场规模

表4-8　　　　　　　　　气体传感器使用场景

领域	解释	气体传感器应用场景举例
生存	检测生活环境中特定气体成分，提高生活品质，防范安全风险	粉尘传感器、二氧化碳气体传感器应用于空气净化器、新风系统、空调、汽车空气净化系统
健康	实时监测呼气中氧气、二氧化碳等关键气体成分，协助进行健康诊疗	氧气传感器、呼气末二氧化碳气体传感器应用于制氧机、呼吸机、麻醉机、肺功能检查仪等生命信息与支持类医疗设备
安全	实时监测生产、生活过程中特定气体成分，保证工业生产、生活过程的安全性	煤气泄漏检查、煤矿瓦斯监测
效率	实时监测生产过程中的特定气体成分，提升工业、农业生产效率	气体传感器运用于冶金、石油化工、天然气等工业生产过程控制
交易	检测气体流量、成分、热值等，实施交易计量	气体传感器运用于天然气燃气表，检测天然气流量、热值，便利交易结算
执法	检测人体或发动机排出气体，协助执法行为	乙醇传感器用于检测驾驶员呼出气体中酒精含量，以判别是否存在酒后驾驶；尾气传感器用于检测发动机排放尾气是否达标，以判别是否须强制检修或报废

　　气体传感器生产企业主要集中在日本，欧洲和美国。气体传感器相关企业有英国城市技术公司（母公司为霍尼韦尔）、日本费加罗（Figaro）、英国阿尔法（Alphasense）、Dynament 等（见表4-9）。

表 4-9　　　　　　　　　　　气体传感器生产企业及其产品

国家	企业	主要产品领域
英国	阿尔法（ALPHASENSE）	工业气体检测，环境监控等
美国	安费诺（AMPHENOL）	嵌入式测试解决方案
奥地利	艾迈斯（AMS）	高性能模拟IC和传感器
美国	基线传感器（BASELINE－MOCON）	气敏元件，监控设备生产研发
英国	CAMBRIDGE CMOS SENSORS	超低功耗微型化气体传感器
英国	城市技术（CITY TECHNOLOGY）	工业安全系统以及民用探测
英国	CLAIRAIR	非色散红外NDIR气体传感器
英国	DYNAMENT	非色散红外原理微型传感器
中国	四方光电（Cubic Optoelectronics）	气体传感技术，气体分析仪器
中国	戴维莱（DOVELET）	半导体气体传感器

霍尼韦尔子公司英国城市技术公司以电化学传感器起家，同时涉足红外和催化类气体传感器，其产品既包括氧气、二氧化碳、一氧化氮、二氧化氮等较为常见的气体传感器，也包括氰化氢、氯气、联氨等工业用气的传感器。城市技术每年生产超过150万个传感器，产品类别超过200种，生产的传感器能够检测20种不同气体。

费加罗气体传感器产品技术主要有半导体型（MOS），电化学以及催化燃烧型气体传感器，广泛用于工业、汽车、室内空气检测以及科学测量等领域。除传统技术外，还推出了结合了MEMS技术的金属氧化物类型的室内空气质量传感器TGS8100。该传感器是目前业界最小面积最低功耗的室内空气传感器，可用于空调，空气净化机以及排气扇等设备。

阿尔法是位于英国的气体传感器公司，主要产品是氧气、有毒气体和易燃气体传感器。该公司的传感器技术涵盖了电化学、催化、光学和半导体四大种类。

国内方面，主要的气体传感器企业有炜盛科技、天津费加罗（中日合资）、718所、重庆煤科院和山西腾星等。其中，炜盛科技是目前国内唯一能生产半导体类、催化燃烧类、电化学类和红外光学类等四大类气体传感器的企业。为国内气体传感器绝对龙头，占据60%~70%销售量。检测气体种类覆盖绝大多数可燃气体（甲烷、丙烷、氢气等）和多数毒性气体（一氧化碳、硫化氢、苯等），广泛应用于工业、矿业、航空航天、民用、商业等领域。

产业链见图4-15。

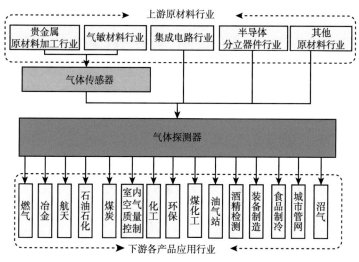

图4-15　气体传感器产业链

多功能集成是市场客观需求。为通过一款产品同时检测多组分气体包括浓度、流量、温度、湿度、压力在内的多种特性，以往单功能气体传感器逐渐被复合型气体传感器取代，这对气体传感器厂商的技术全面性及产品储备提出了更高的要求。

网络化是发展的必然趋势。随着终端用户体验的不断升级及消费习惯的逐渐改变，气体传感器要求具有保密性高、传输距离远、抗干扰性强、自适应性强、具有通信功能等特点，由此，不同于以往仅安装于单台分析仪器、呈现单点化的态势，网络化是气体传感器发展的必然趋势。

新材料、新技术应用助推微型化的实现。纳米、薄膜、厚膜技术等新材料制备技术的成功应用为气体传感器实现新功能提供了条件；同时，凭借MEMS技术，国际先进智能气体传感器已能够在一个小型封装内集成气体传感、信号采集、信息处理、校准数据存储、温度补偿以及数字接口等功能。这有助于促进气体传感器实现尺寸微型化，同时也进一步提升了气体传感技术的复杂性。

和其他传感器一样，气体传感器发展的趋势也是微型化、智能化和多功能化。纳米、薄膜技术等新材料制备技术的成功应用为气体传感器实现新功能提供了条件。利用MEMS技术帮助实现传感器尺寸小型化，进而研究多气体传感器的集成以实现多功能化。而气体传感器与数字电路的集成则将成为实现智能化的必然途径。小型化智能化的气体传感器将成为激活市场的新亮点。

（7）视触融合传感器。人类可以通过视觉和触觉融合感知快速确定抓取可变形物体所需力的大小，以防止其发生滑动或过度形变，但这对于机器人来说仍然是一个具有挑战性的问题。由于不同模态之间具有完全不同的描述形式和复杂的耦合对应关系，视触融合传感器就是通过计算机视觉技术与人工智能算法相结合，通过适当的变换或投影，使得两个看似完全无关、不同格式的数据样本相互比较融合，解决多模态的感知表示和认知融合的问题。

视觉传感器是机器人感知外界环境最普遍的传感器，但在实际应用中常规的视觉感知技术会受到很多限制，如光照、遮挡等。对于物体的很多内在属性，如"软""硬"等，则难以通过视觉传感器感知获取。而触觉也是机器人获取环境信息的一种重要感知方式，但与视觉不同，触觉传感器可直接测量对象和环境的多种性质特征。研发视触融合的智能传感器具有重要的工程和科学意义。

视触融合传感器主要是实现两点，一是从视觉输入中合成可信的触觉信号；二是从视觉输入中直接预测哪个物体和哪个部分正在被触摸。根据实现的原理不同，目前现有视触融合传感器的研究情况如表4-10所示。

表4-10　　视触融合传感器分类及应用情况对比

传感器	原理	核心部件	研发单位
Gelforce	传感器底层标记点为品红，可变形；上层标记点为黄色，是刚性。由于品红标记只反射光谱中的红、蓝两部分，蓝色被黄色层过滤掉时，两种标记点重叠部分就会呈现红色。当发生压缩变形和剪切变形很容易从颜色图谱中确定	颜色光谱器件、视觉相机、半透明阵列标记点	日本东京大学、法国艾克斯马赛大学
Gelsight	当弹性体与物体接触时，弹性体表面可获取非常细微的纹理图像	透明弹性体、支撑板、照明导板、三色LED灯和相机	美国麻省理工学院

续表

传感器	原理	核心部件	研发单位
Gelslim	通过结合光波导和镜面反射来重新设计从光源到相机的光路	LED、视觉相机、光源	美国麻省理工学院
Tactip	基于人类指尖结构的生物启发的触觉传感器	仿生传感器、LED、视觉相机、光源	英国布里斯托大学
OmniTact	利用嵌入在硅胶外壳内的摄像头来捕捉形变信息，提供包括剪切–法向力、目标位姿、几何形状、材料特性等丰富的信息	弯曲硅胶、摄像头、图像处理器	美国加州大学伯克利分校
TH–Tactile	通过追踪标记点的位移进行力的标定，由弹性体附着材料反映物体表面纹理，实现测量物体表面的三维力、识别纹理和温度	透明弹性体、相机、透明亚克力板、LED	中国清华大学

Gelforce 视触觉融合传感器（见图 4-16）采用双层半透明标记点阵列设计，从而可以通过捕捉大量的标记点来提高系统的空间分辨率。该传感器底层标记点为品红，可变形；上层标记点为黄色，是刚性。由于品红标记只反射光谱中的红、蓝两部分，蓝色被黄色层过滤掉时，两种标记点重叠部分就会呈现红色。当发生压缩变形和剪切变形时，很容易从颜色图谱中确定，其平均色度与表面法向位移呈线性关系，品红色标记物质新位置与表面位移也呈线性关系，基于此，使接触面三维变形场的重建成为可能。

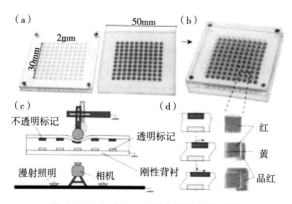

图 4-16　Gelforce 视触觉融合传感器

Gelsight 是一款可获取接触表面微纹理的视触融合传感器（见图 4-17）。该传感器由透明弹性体、支撑板、照明导板、三色 LED 灯和相机构成，其中弹性体表面附有金属粉末，用于反光成像和遮光。当弹性体与物体接触时，弹性体表面可获取非常细微的纹理图像。在此基础上，基于学习的方法从高分辨率的触觉图像中获取包括目标几何外形、表面纹理、法向量、剪切力等丰富的特征，这些信息对于智能机器人的控制十分重要。

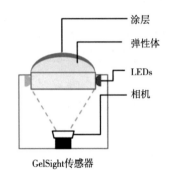

图 4-17　Gelsight 视触融合传感器

Gelslim 是基于 Gelsight 传感器技术研制出的高分辨率触觉传感器，它的特点是更薄、更坚固、输出更均匀（见图 4-18）。通过结合光波导和镜面反射来重新设计从光源到相机的光路，并且用几何设计变量对光路进行参数化，同时对手指厚度、相机景深和触觉感知区域大小做了权衡，实现了紧凑的集成。

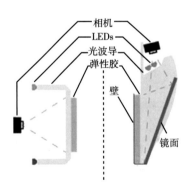

图 4-18　Gelslim 触觉传感器

Tactip 是一种基于人类指尖结构的生物启发的触觉传感器，它能够进行高速感知，类似于人类的疼痛感知和高（空间）分辨率感知，也类似于人类指尖的梅克尔细胞提供的感知。基于此传感器，机器人能够利用高速模式调节接触深度，感知物体的表面轮廓。在感知任务中，这具有较高的精度，实现了高分辨率模式下进行精确控制。

OmniTact新型多向视触传感器（见图4-19），它配备了多个方向摄像头和高分辨率的感知结果，采用弯曲硅胶曲面包裹设计，其更为紧凑、适应性更好。OmniTact利用嵌入在硅胶外壳内的摄像头来捕捉形变信息，可以提供包括剪切-法向力、目标位姿、几何形状、材料特性等丰富的信息。

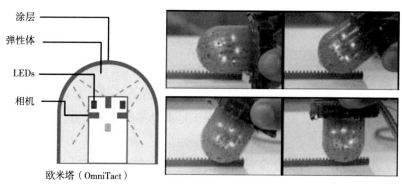

图4-19　OmniTact 新型多向视触传感器

TH-Tactile是清华大学孙富春教授团队研制出的视觉触觉传感器（见图4-20），可测量三维力、识别纹理和温度等信息。该传感器由透明弹性体、相机、透明亚克力板、LED灯和支撑结构组成。通过追踪标记点的位移来实现力的标定，还可以通过弹性体附着材料反映物体表面纹理并实现物体的分类。

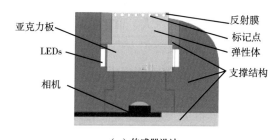

（a）传感器设计

（b）传感器原型

图4-20　基于视觉触觉传感器

近年来，基于视触觉类传感器在机器人上感知－操作应用越来越广泛，也取得了较大的进展，而如何结合视触觉感知实现机器人智能操作是未来研究趋势。

4.3　广东省优劣势与战略选择

4.3.1　广东省优劣势分析

（1）优势。

①智能制造业需求量大。广东作为全国制造业大省，2019年制造业占GDP的31%，全国大概占到29%，并在不断推进制造业升级改造，实现"制造大省"向"制造强省"转变。智能传感器正是推动高技术制造业及先进制造业稳步发展的重要支撑。

②大湾区建设是国家发展蓝图中的重大战略部署。借助大湾区建设的政策东风，广东省可以充分吸收大湾区优势创新资源，甚至与其他先进湾区创新资源深度融合，增强工业电子智能传感器核心竞争力。

③高端技术引领。近年来，广东省涌现了华为、广汽、迈瑞、大族等一大批行业龙头企业，引领3C、汽车、生物医药、工业机器人等产业的发展。同时，广东作为国内人工智能技术与产业发展领头羊，涌现了奥迪威、速腾聚创、德赛西威、镭神智能等一批依托人工智能技术的智能传感器企业。

（2）劣势。

①核心芯片技术受制于人。"缺芯少核"是广东智能传感器发展的突出问题。广东是电子信息产业大省，对电子元器件需求巨大，但90%以上的芯片依赖进口。在高端芯片、半导体等领域，以高通、英特尔为代表的美国企业占据了龙头地位，美国一旦限制核心技术和元器件对中国的输出，"缺芯少核"的劣势将更加凸显。

②与先进国家及地区相比，广东在创新投入、人才和发明专利等方面仍存在差距，企业研发投入强度有待提高，产业自主创新能力亟待加强。

③高端产业的有效供给仍然不足，存在结构性产能过剩现象。

④产业转型的创新动力仍待增强，存在价值链"低端锁定"的隐忧。

⑤基础研究能力薄弱。

4.3.2　战略选择

一是尽快完善工业电子传感器领域科技创新体系。加强顶层设计，加快建立以创新中心为核心载体、以公共服务平台和工程数据中心为重要支撑的面向工业电子产业的传感器制造业创新网络，建立电子工业市场化的创新方向选择机制和鼓励创新的风险分担、利益共享机制。采取政府与社会合作、电子产业创新战略联盟或新型研发机构等新机制新模式，形成一批面向工业电子行业的传感器制造业创新中心，开展改善民生服务工业电子产品的关键共性重大技术研究和产业化应用示范。建设传感器制造业工程数据中心，为企业提供创新知识和工程数据的开放共享服务。

二是大力加强传感器关键核心技术攻关。在实施国家重点研发计划中，按照需求导向、问题导向、目标导向，以工业控制、汽车、通信、环保等为重点领域，加大研发投入，形成关键核心技术攻坚体制。协同攻克一批传感器制造领域的"卡脖子技术"，着力突破核心芯片、元器件、软件、智能仪器仪表等基础共性技术，加快传感器网络、传感器集成应用等关键技术研发创新。以MEMS工艺为基础，以集成化、智能化和网络化技术为依托，加强制造工艺和新型传感器的开发，使主导产品达到或接近国外同类产品的先进水平，为实施国家传感器产业提升工程提供技术支撑。

三是深化科技成果转化制度改革，加快传感器产业化进程。注重转化机制创新和商业模式创新，加强对中小企业创新的支持。引导各类技术创新要素向企业集聚，鼓励中小企业发展专业性强、有特色的技术与产品。通过组织实施应用示范工程的方式，集成式推广重大技术成果，培育一批传感器龙头企业。

4.4　政策措施

（1）优化发展环境，提升工业电子智能传感器战略地位。

（2）加大科技投入，保持持续创新能力和动力。

（3）完善产业体系，推进产业链的协调发展。

（4）加强人才队伍建设，推进科研成果产业化。

（5）支持第三方机构发展，提高协同创新水平。

Part

5

医疗电子行业篇

5.1　医疗电子及其智能传感器

医疗器械一般可以分为高值医用耗材、低值医用耗材、医疗电子和体外诊断（IVD）。从医疗器械细分市场规模来看，我国医疗设备市场规模最大，超3000亿元，为医疗器械的支柱产业，我国医疗器械细分市场情况如图5-1所示。虽然我国医疗设备市场规模大，但在高端医疗设备方面大部分仍被外资占据，特别在大型影像设备、彩超、内窥镜、起搏器等领域，外资占比70%以上，国产替代前景广阔（见图5-2）。

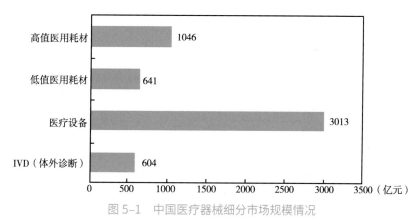

图 5-1　中国医疗器械细分市场规模情况

资料来源：中国医疗器械蓝皮书（2019版）[R].医械研究院，2019.

自2018年3月中华人民共和国国家卫生健康委员会成立以来，医疗信息化建设相关的国家政策频出，为其发展提供了政策支持，医疗信息化规模增长潜力巨大。2018年我国医疗信息化市场规模为516亿元，同比增长15.18%；2019年市场规模接近600亿元。根据前瞻产业研究院预测，未来几年我国医疗信息化规模将持续增长，至2023年将突破1000亿元，2024年将超过1100亿元。

医疗传感器作为医疗电子产品广泛应用的核心部件，实现对检测者某项指标的精确检测，检测精度、灵敏度和舒适度等直接关系到医疗电子产品的级别，是国家医疗水平的重要体现之一。医疗电子产业链如图5-3所示，医疗传感器位于产业链上游，对医疗电子企业具有限制作用。

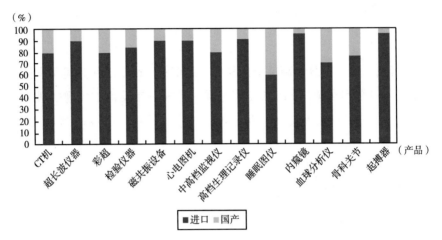

图 5-2 中高端医疗器械国产与进口平均占比对比情况

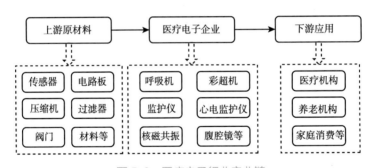

图 5-3 医疗电子行业产业链

2019年，中国传感器医疗电子领域市场规模达158.1亿元，比2018年增长22%，在传感器市场中占比7.2%，较2018年增长了22%[①]，见图5-4。预计2021年全年市场规模258.2亿元，占比8.7%。医疗传感器全球市场不断增长，根据Technavio的一份报告，2019~2023年，全球医疗传感器市场预计将以9%的复合增长率增长，达到62.1亿美元。

---

① 赵振越.2019年传感器市场数据［R］.赛迪顾问，2020-03-11.

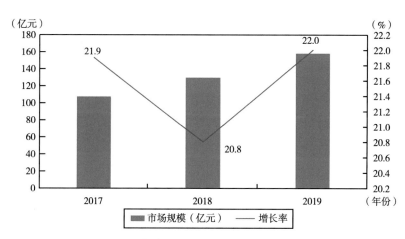

图 5-4　2017~2019 年中国传感器医疗电子领域市场规模及增长率

　　根据功能不同，医疗电子器械大致可分为生命体征监测、医学成像、生化分析等三个领域（见图 5-5）。其中生命体征监测的医疗器械包括血压计、血糖仪、体温计、心率计、脉搏计、呼吸机等，其关键传感器包括压力传感器、温度传感器、流量传感器、光电传感器、生物电极传感器等；医学成像器械主要包括 X 光透视仪、医用 B 超和 CT 设备，其关键传感器主要包括 CCD 传感器、平板探测器、医用超声传感器、射频收发器等；而生化分析领域，主要是对微生物、基因、血糖、病毒、肿瘤等方面的检测，主要是采用生物传感器实现。

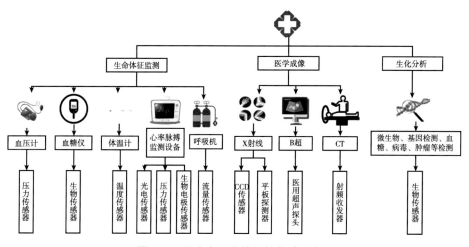

图 5-5　医疗电子中的智能传感器应用

从全球工业电子领域的传感器供应商来看，美国霍尼韦尔、日本欧姆龙、德国英飞凌、荷兰飞利浦、德国西门子为医疗电子传感器为主要供应商。虽然我国对于压力、温度、光电传感器等技术门槛低的智能传感器占领了部分的中低端市场，但在高端医疗器械、大型高价值医疗器械、高精度医学传感领域，产品仍然主要依赖进口。目前，国内医疗电子领域的智能传感器制造商主要包括青鸟元芯、明皜传感、迈瑞、高德红外、大立科技、华晶宝丰、艾普柯微等公司。

5.2 国内外现状及"卡脖子"问题

5.2.1 国内外现状

近年来，在国家发布的《国务院办公厅关于促进"互联网+医疗健康"发展的意见》等政策推动下，我国医疗电子产业，尤其是医疗传感器产业取得了显著进展，突破了压力传感器、红外温度传感器、超声传感器、生物传感器等一批关键技术和产品，在医学诊断与治疗中取得较好的成效，但在微型化、高精度、高可靠性等检测需求方面与国际先进水平相比，技术和产业化规模仍有较大差距，自主保障能力严重不足，关键产品受制于人的风险十分突出（见图5-6和表5-1）。

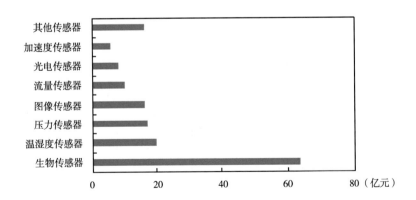

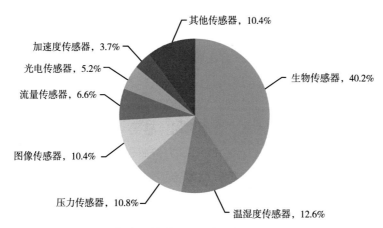

图 5-6　2019 年中国传感器医疗电子领域市场规模与结构

资料来源：赵振越.2019 年传感器市场数据［R］.赛迪顾问，2020-03-11.

表 5-1　　　　　　　　医疗电子智能传感器国内外产业概况

传感器类型	国际主要企业	国内主要企业	省内主要企业
MEMS 压力传感器	博世、英飞凌	北京青鸟元芯、耐威科技、苏州敏芯微、苏州纳芯微、苏州明皜、无锡纳微、无锡龙微	暂无
红外传感器	迈来芯、珀金埃尔默、HL Planartechnik、森川科技 XENSE	武汉高德红外、浙江大立科技、烟台睿创微纳技术、汉威科技、森霸传感科技	暂无
光电传感器	飞利浦、Valencell、Salutron、亚德诺、村田（Murata）、爱普生、LifeQ、原相、霍尼韦尔	深圳华晶宝丰、上海艾普柯微	深圳华晶宝丰
平板探测器与 CCD 探测器	Varex、Trixell 和佳能	万东、安健科技	安健
超声传感器	飞利浦、通用电气、西门子、日立、东芝、TRS Technologies、Humanscan、波士顿科学、H.C. Materials	迈瑞	迈瑞
生物传感器	雅培、Nova Biomedical、西门子医疗、美敦力、罗氏、拜耳、强生	柯诺、三诺、鱼跃	柯诺、三诺

5.2.2 "卡脖子"问题

（1）MEMS 压力传感器。目前在医疗领域，血压和呼吸道的监控最主要的应用是 MEMS 压力传感器。其应用具体包括负压真空系统压力传感器、真空压缩袋传感器、医用气压压力传感器、无创医用传感器、血压传感器、动脉压力监测传感器、动脉压力传感器、有创医用传感器、离子束溅射薄膜压力传感器、一次性医疗压力传感器、生物医用压力传感器、血压计压力传感器、医用输液泵用压力传感器、脉向传感器/脉搏传感器、血压传感器、胎压传感器等。目前全球 MEMS 压力传感器生产厂商仍以博世、英飞凌等国外大型半导体企业为主（见图 5-7），国产替代空间较大。据 Yole Developpement 统计，压力传感器为 72.8%。

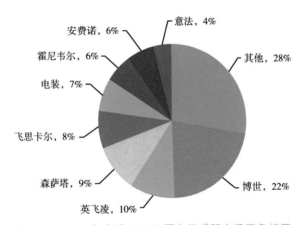

图 5-7　2017 年全球 MEMS 压力传感器市场竞争格局

从国内生产企业地域分布而言，MEMS 压力传感器企业集中于以北京为首的环渤海地区和以上海为首的长三角地区。在环渤海地区，北京大学、中科院、中电科技集团等企事业单位为该地区科研技术支撑，北京青鸟元芯、耐威科技等为该地区代表性企业。在长三角地区，中科院上海微系统与信息研究所、上海微技术工业研究院、中科院苏州纳米所等单位为该地区科研技术支撑，苏州敏芯微、苏州纳芯微、苏州明皜、无锡纳微、无锡龙微等为该地区代表性企业。

由于海外 MEMS 传感器行业商业化始于 2000 年左右，而中国 MEMS 传感器行业商业化始于2009年，中国MEMS传感器行业起步较晚，中国市场尚不具备成熟的、商业化的、为MEMS设计提供辅助的本土EDA软件供应商。

当前中国本土MEMS压力传感器制造企业不足20家，以传统代工企业为主，代工晶圆规格主要为6英寸和8英寸。海外MEMS压力传感器制造代工企业晶圆规格多为8英寸以上。晶圆尺寸越大，代工企业的制造工艺成熟度越高，传感器单位制造成本越低。因此，中国本土MEMS压力传感器制造企业在企业数量、技术成熟度和成本把控能力等方面均落后于海外MEMS压力传感器制造代工企业。

相比同为技术密集型行业的传统半导体集成电路行业，MEMS压力传感器行业属于多学科交叉行业，MEMS传感器设计、制造和封装测试涉及电子、机械、材料、工艺制造、物理、化学、生物等众多学科，对不同专业背景复合型人才需求量大，而中国MEMS传感器行业起步较晚，传感器技术研发落后德国、美国等国家近十年，技术和人才储备匮乏，基础研究不充分，严重制约行业的发展。

我国缺乏具备MEMS代工经验的制造和封装测试企业，导致上游传感器设计企业无法迅速将产品市场化，阻碍MEMS压力传感器产业化进程。2018年以前，中国本土MEMS传感器的制造代工环节多交由中科院、北京大学等科研院校完成，缺乏成熟的商业化企业，中芯国际等中国本土的传统半导体集成电路代工企业仍需上游设计企业协调辅助、导入MEMS制造工艺。受此影响，中国本土MEMS传感器缺乏丰富的工艺技术储备和大规模的市场验证反馈，难以为上游MEMS压力传感器设计企业提供完善的代工服务。

（2）红外传感器。红外传感器在医疗中主要应用于人体体温检测、疾病临床诊断、疾病治疗与保健三方面，主要电子产品有耳温枪、额温枪、红外热像仪等（见表5-2）。其中，红外热像仪的应用最广泛。人体是一个天然红外辐射源，它不断地向周围空间发散红外辐射能，当人体患病时，人体的全身或局部的热平衡受到破坏，在临床上多表现为人体组织温度的升高或降低。因此在临床医学中，可以通过红外传感器来测定人体生命参数（体温）的变化，从而进行疾病的诊断，例如检测针灸效果、早期鼻咽癌、乳腺癌等疾病。

表 5-2　　　　　　　　　红外传感器在医疗领域的应用及产业状况

生命体征参数	传感器	可应用医疗设备	国外生产企业	国内生产企业
体温	NTC热敏电阻、热电偶、RTD电阻温度传感器、IC（数字温度传感器、模拟温度传感器）、红外传感器	电子式体温计、红外测温仪（耳温枪、额温枪、红外热像仪）	迈来芯、珀金埃尔默、HL Planartechnik、森川科技XENSE	高德红外、大立科技、睿创微纳技术、汉威科技、森霸传感科技

红外线传感器是一种能够感应目标辐射的红外线，利用红外线的物理性质来进行测量的传感器。红外传感器按探测机理可分成为由热探测器组成的热传感器和由光子探测器组成的光子传感器：

①热传感器：利用入射红外辐射引起传感器的温度变化，进而使有关物理参数发生相应的变化，再通过测量有关物理参数的变化来确定红外传感器所吸收的红外辐射。热传感器主要类型有热敏传感器型、热电偶型、高莱气动型、热释放电型等。

②光子传感器：利用光子效应所制成的红外传感器统称光子传感器，通过利用某些半导体材料在入射光的照射下，产生光子效应，使材料电学性质发生变化。通过测量电学性质的变化，可以知道红外辐射的强弱。按照光子传感器的工作原理，一般可分为内光电和外光电传感器两种。

全球传感器市场快速发展，其中热电堆红外传感器的市场需求迫切。热电堆红外传感器在公共卫生、安防监控、消费电子等领域的应用广泛，尤其在医疗领域，市场空间十分广阔。红外传感器产业链如图5-8所示。

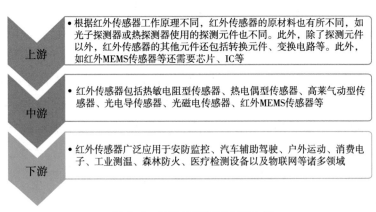

图 5-8　红外传感器产业链全景

　　根据Maxtech数据，2020年全球民用红外市场规模达56.01亿美元，同比增长11.11%（见图5-9）。同时，受近期疫情的影响，下游应用市场对热电堆红外传感器的需求十分迫切。国外知名的红外传感器厂商有迈来芯、珀金埃尔默、HL Planartechnik、森川科技XENSE等；国内品牌有武汉高德红外、浙江大立科技、烟台睿创微纳技术、汉威科技、森霸传感科技等。

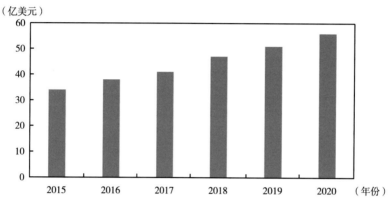

（亿美元）

图 5-9　2015~2020 年全球民用红外传感器市场规模

　　从全球领域来看，美国、日本、德国等发达国家针对红外传感器的自主研发程度高，且不依赖其他国家或公司的技术专利，可以自己针对应用和实际要求投入红外传感器的开发、制造、行销的高成本，因此技术领先，产品繁多，种类齐全，产业链分布广；而我国对红外传感器的研究起步较晚，国民知识产权意识不足，除了现有的几家实力较强的红外传感企业品牌有自主研发的芯片，其他医疗电子企业都是生产加工为主，技术相对落后，产业链主要集中在中游产品加工销售，上游的核心技术产品相对较少。

　　未来我国红外传感器的发展方向应从上游产品出发，加大核心技术的研发投入，采用新型材料和处理技术，使红外传感器进一步走向多功能化、智能化、微型化、集成化。

　　（3）光电传感器。光电传感器主要应用于心率与脉搏的传感检测。传统的心率与脉搏测量方法主要有三种（见图5-10）：一是从心电信号中提取；二是从测量血压时压力传感器测到的波动来计算脉率；三是光电容积法。前两种方法提取信号都会限制病人的活动，如果长时间使用会增加病人生理和心理上的不舒适感。而光电容积法脉搏测量作为监护测量中最普遍的方法之一，其具有方法简单、佩戴方便、可靠性高等特点。因此光电传感器在心率脉搏测量应用中，尤其是可穿戴设备市场中具有较大的市场份额。

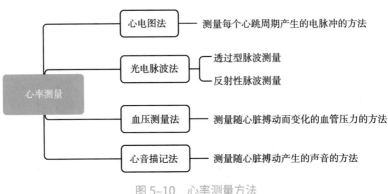

图 5-10　心率测量方法

光电容积法的基本原理是利用人体组织在血管搏动时造成透光率不同来进行脉搏测量的。其使用的传感器由光源和光电变换器两部分组成，通过绑带或夹子固定在病人的手指或耳垂上。光源一般采用对动脉血中氧和血红蛋白有选择性的一定波长（500~700纳米）的发光二极管。当光束透过人体外周血管，由于动脉搏动充血容积变化导致这束光的透光率发生改变，此时由光电变换器接收经人体组织反射的光线，转变为电信号并将其放大和输出。由于脉搏是随心脏的搏动而周期性变化的信号，动脉血管容积也周期性变化，因此光电变换器的电信号变化周期就是脉搏率。

近两年越来越多厂商相继采用光学式心率侦测技术，透过绿光LED照射血管内的血红蛋白的吸光度变化来测量脉搏，免除心跳带的麻烦，使用起来更为方便舒适，随着测量的精准度大增。包括Mio、TomTom、爱普生、爱迪达都在陆续推出产品，Garmin则是在近期推出首款光学心率手表Forerunner 225。

目前除了苹果、三星电子、Fitbit、爱普生的光学心率传感器是采用自家技术外，其他智能穿戴业者多半采用飞利浦的光学心率感测技术。不过，随着越来越多供应商加入战局，且技术也趋于成熟，智能穿戴业者的选择空间明显变多，未来市面上将会看到采用不同光学心率感测解决方案的智能手表及手环产品。

目前飞利浦的光学心率传感器相对成熟，但其他像是美国Valencell、Salutron、亚德诺、日本村田、爱普生、南非LifeQ、中国台湾的原相都已有解决方案，多数解决方案都是整合LED、传感器及光体积变化描记图（Photo Plethysmo Graphy；PPG）演算法于一身。

（4）平板探测器与CCD探测器。2003年起，我国医院开始配置DR（X射线检测）摄影产品。根据中国医疗器械协会及中国医用装备协会数据，2007年我国DR设备年销量仅为720台，随着国家对基层医疗机构硬件建设的支持力度的持续加大，2017年销量达到16000台，到2019年，DR销量超过20000台。根据中国医疗装备协会《2017年平板DR市场研究报告》数据：中国DR市场销售收入由2011年的22亿元增加到2016年的51.3亿元，年均复合增长率为20.4%[①]。

CCD探测器、平板探测器技术是国际上DR（X射线检测）产品采用的主流技术。

平板探测器构成的DR主要分为两种：一种是非晶硅平板探测器，属于间接能量转换方式；另一种是非晶硒平板探测器，属于直接能量转换方式。虽然非晶硒平板探测器要比非晶硅平板探测器在图像质量上更清晰，锐利度更好，但非晶硒平板探测器在使用过程中对工作环境要求非常高，寿命短，故障率高，而且维护成本远大于非晶硅平板探测器，因此目前市场上平板探测器以非晶硅平板占主导位置。

CCD探测器的结构主要是由17英寸×17英寸的闪烁屏、反射镜面、镜头和CCD感光芯片构成的。CCD由于探测系统中有光学通路，必须采用光学系统来传导信号，吸收和反射会损失一些光学信息，信号衰减客观存在，因此与平板探测器相比，理论上成像质量稍差。

早期的CCD芯片技术感光灵敏度不够高，光电转换效率QE往往低于30%，当曝光时间不足（受辐射量限制）时，信噪比低，图像质量不佳。而平板探测器没有光学衰减，即使光电转换效率QE只有30%，也会优于CCD的30%。一般来讲，平板DR会优于低端CCD DR，但与高端CCD DR的比较，就要看CCD DR研发者的水平，包括优秀CCD芯片选型，低噪电路设计以及优良的光学通路设计。目前，实际上，优质的CCD DR的材料成本实际上要比平板探测器更

---

① 2017年平板DR市场研究报告［R］.中国医疗装备协会，2018.

高；最新的优质CCD DR的图像质量甚至超越了某些一般平板DR的图像。

市场方面，2014年全球X线探测器的市场规模约为20.1亿美金，并以每年近5%的速度增长[①]。其中，平板探测器市场份额约为57%，线阵探测器约为8%，上一代准数字化技术产品贡献了余下的35%市场。随着探测器技术的成熟与发展，未来准数字化产品将逐步被数字化产品替代，其市场份额将被数字化产品占据。2014年全球平板探测器市场规模约为11.46亿美元，其中约90%用于医疗诊断领域，10%用于工业领域；线阵探测器市场规模约为1.61亿美元。2014~2019年，全球X射线探测器市场规模保持快速增长。在医疗领域中，平板探测器主要用于DR、CBCT、放疗设备、C型臂、DM、DRF等医学影像设备的生产配套，占平板探测器市场份额比例分别为43%、11%、11%、7%、5%和3%（见图5-11）。

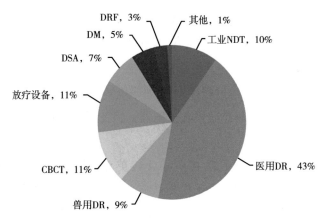

图5-11　平板探测器不同应用领域市场份额占比

资料来源：2018年中国平板探测器市场分析报告——行业深度分析与发展趋势预测［R］.观研天下，2018.

2017年全球平板探测器市场销量约为62140台，其中，静态平板探测器销量约为42340台，动态平板探测器销量约为19800台（见图5-12）。2021年，全球平板探测器需求量将达到77910台，其中，静态平板探测器需求量约为49770台，动态平板探测器需求量约为28140台。

① 2018年中国平板探测器市场分析报告——行业深度分析与发展趋势预测［R］.观研天下，2018.

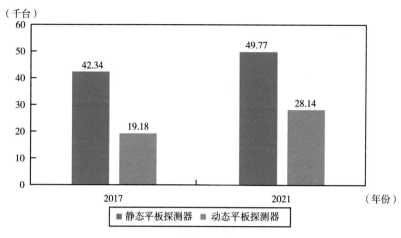

图 5-12　平板探测器市场需求量

资料来源：2018年中国平板探测器市场分析报告——行业深度分析与发展趋势预测 ［R］. 观研天下，2018.

平板探测器的材料成本实际上并不高，由于非晶硅光电管阵列和碘化铯生产成本不是很高，而在中国的市场上出现平板探测器的价格是非常昂贵，其主要原因在于平板探测器技术一直被国外垄断，国内还没有真正研发出属于自己平板探测器。早期的进口CCD探测器也是非常昂贵的，直到国产CCD探测器的诞生打破了国外CCD探测器的垄断。

由于平板探测器属于高科技产品，属于高端装备制造业，行业准入壁垒较高，因此，全球平板探测器市场集中度较高，知名的生产企业包括美国Varex、法国Trixell和日本Canon等。美国Varex和法国Trixell是平板探测器行业两大巨头，合计持有全球超过50%的市场份额。在国内，平板探测器市场供给依然相对集中。由此可见，国内DR厂家在高压发生器、机械系统以及图像系统等几个方面都具备自主研发生产的能力，但在探测器、X线球管等核心部件上自主研发能力比较欠缺，目前仅有东方和安健科技在这方面有技术储备。

（5）超声传感器。超声诊断仪是通过超声探头产生入射超声波和接受反射超声波，将组织脏器反射回来的超声信号转变为电信号，并成像显示。医学超声成像设备的关键传感器为超声探头，是超声成像质量的核心因素。其质量和性能将直接影响到全系统的性能指标，如探测深度、分辨力和灵敏度等。

根据中国产业信息网数据，发达国家超声起步早，存量市场基本处于饱和状态，增量主要来源于新品的替代，因此仅维持缓慢增长，2019年，全球医用超声诊断系统市场规模约为74亿美元。从格局上看，老牌的GPS三巨头中的GE和飞利浦凭借产品性能和品牌优势保持较高市场份额，而西门子则先后被东芝和日立超过，国内的迈瑞和开立经过多年的发展，也跻身到了世界前列（见图5-13）。

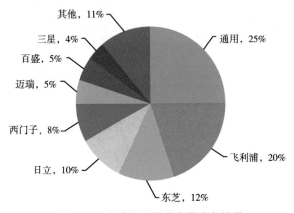

图 5-13　全球医用超声市场竞争格局

物理通道数是医用超声传感器最重要的参数，一般来说通道数越大，彩超的档次越高，根据物理通道数可以将彩超分为低端、中低端、中端、高端和超高端五个档次。国家发改委发布的2017年《高端医疗器械和药品关键技术产业化项目指标要求》中对高端彩超提出了明确要求。

①关键技术：数字化波束合成、高帧频彩色血流成像、造影剂谐波成像、实时三维成像、剪切波弹性成像等新型成像技术，多模态技术，小型化设计技术。

②关键部件：高密度单晶材料探头、二维面阵探头等新型探头。

③主要指标：物理通道数≥128。压电晶体是超声探头的核心传感元件。探头是利用晶体的压电效应将高频电能转化为超声波向外辐射，并接受超声波通过压电效应将回波转换为电能。目前常用的压电晶体一般为PZT材料，即锆、钛和铅所组成的复合材料。同样的材料采用不同的培养方式、切割方式、烧制方式等，会产生多种多样的成品，形成频段、成像清晰度和成像质量的差异。国际上已有多家公司成功的将铅基压电单晶探头产业化。如飞利浦、通

用电气、西门子、日立、东芝、TRS Technologies、Humanscan、波士顿科学、H.C. Materials 等都开展了压电单晶医学超声探头产品的研发。20世纪90年代，东芝公司就率先开始了PZN–PT单晶相控阵的研究，其研制的3.7兆赫兹单晶相控阵，比PZT陶瓷探头的带宽和灵敏度分别高出25%和5dB。2004年11月，飞利浦推出了第一款面向市场的低频PureWave（Single Crystal）单晶换能器。随后，通用电气、西门子和日立公司也分别于2008年和2009年相继推出单晶换能器。

通常医学超声频率在200千赫兹~40兆赫兹，理论上频率越高，波长越短，超声诊断的分辨率越好。尽管铅基压电单晶探头已经在国外成功产业化，探头的带宽、灵敏度得到大幅提高，图像质量更清晰，医学影像信息更丰富，但是，单晶探头的工作频率基本上集中在中低频，而基于压电单晶材料的高频换能器阵列以及各种专业探头尚未广泛应用于临床诊疗，因此成为新的研究方向和热点。

（6）生物传感器（biosensor），是一种对生物物质敏感并将其浓度转换为电信号进行检测的仪器。生物传感器由分子识别部分（敏感元件）和转换部分（换能器）构成，传感器中包含抗体、抗原、蛋白质、DNA或者酶等生物活性材料，待测物质进入传感器后，分子识别然后发生生物反应并产生信息，信息被化学换能器或者物理换能器转化为声、光、电等信号，仪器将信号输出，就能够得到待测物质的浓度，如图5-14所示。

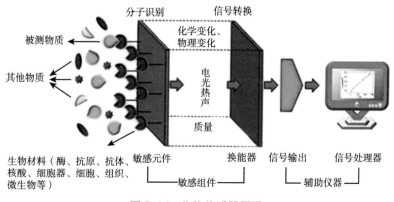

图 5-14 生物传感器原理

生物传感器可应用于环境监测、医疗卫生和食品检验等领域。具有敏度高、分析速度快、选择性能好、低成本、可在复杂的体系中进行在线连续监测的优点。主要有三种分类：

①根据生物传感器中生物分子识别元件上的敏感物质可分为微生物传感器、免疫传感器、组织传感器、细胞传感器、酶传感器、DNA 传感器等。

②根据生物传感器的信号转换器可分为电化学生物传感器、半导体生物传感器、热学生物传感器、光学生物传感器、声学生物传感器等。

③根据生物传感器中生物敏感物质相互作用的类型可分为催化型生物传感器、亲和型生物传感器、代谢型生物传感器。

生物传感器在医学领域发挥着越来越大的作用，可用于基础研究、临床应用以及生物医药中。在临床医学中，酶电极是最早研制且应用最多的一种传感器。利用具有不同生物特性的微生物代替酶，可制成微生物传感器。手掌型血糖分析器、胰岛素泵、高端保健类血糖分析仪、高精度血糖分析仪都是临床应用的实例。这些医疗电子设备都是通过用酶传感器、免疫传感器或基因传感器等生物传感器来检测体液中的各种化学成分，为医生的诊断提出依据。医疗领域中常用的几种生物传感器如表5-3所示。

表 5-3　　　　　医疗领域中常用的几种生物传感器及其功能介绍

医疗用途	医疗电子设备/产品	生物传感器类型	功能
药物检测	SPR 生物传感器	电化学生物传感器	识别新研发药物的分子活性基团
疾病检测	血糖分析仪	酶传感器、电化学生物传感器	监测血糖数据
	肿瘤监测检测系统	细胞传感器、酶传感器	检测肿瘤蛋白以及耐药性MASA细菌
疾病检测	疾病检测分析仪	纳米生物传感器、酶传感器	检测与神经退行性疾病以及几种不同类型癌症相关的特定分子（帕金森氏病、阿尔茨海默病、乳腺癌）
	脑损伤检测仪	细胞传感器、酶传感器	快速检测与脑损伤相关的特定蛋白质
DNA 突变检测	电石墨烯生物传感器芯片	纳米生物传感器、DNA传感器	进行活检和详细的DNA测序

续表

医疗用途	医疗电子设备/产品	生物传感器类型	功能
病毒检测	病毒检测分析仪	纳米生物传感器	快速检测各种不同的病毒
康复检测	可穿戴康复设备（手表式血糖监测仪）	电化学生物传感器	监测血糖数据

2019年，中国传感器医疗电子领域市场结构中，生物传感器市场规模为63.7亿元，占比达到40.2%；温湿度传感器市场规模为20亿元，占比12.6%；压力传感器市场规模为17.2亿元，占比10.8%[①]。

目前生产医疗电子生物传感器企业主要集中在长三角区域，并形成以北京、上海、深圳、南京、西安、沈阳等中心为主的布局（见图5-15）。将近50%的企业分布在长三角地区，其次为珠三角、京津地区、中部地区及东北地区等。

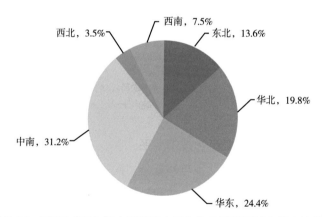

图 5-15　2018~2019 年中国医疗电子生物传感器区域市场占比分析

从全球来看，医疗电子生物传感器最大的市场是北美地区，据全球知名市场调研公司 PMR 发布的报告显示，2014 年北美生物传感器市值达 57 亿美元。国外发展医疗电子生物传感器的企业包括雅培、Nova Biomedical 公司、西门子医疗、美敦力、罗氏、拜耳、强生等。

虽然中国的生物传感器研究规模庞大：科研群体国际最大、研究论文国

① 赵振越. 2019年传感器市场数据［R］. 赛迪顾问，2020-03-11.

际最多、科研条件国际一流，我国生物传感器领域的专利同样是全球第一，但仅限于理论，难以将项目落地，导致我国生物传感器的商品化和产品规模化不足，在国际市场上的份额不足10%；而且国内生物传感器的产业主要集中在长三角地区，广东省的企业相对较少（见表5-4）。

表 5-4   几种常用的生物传感器的国内外产业情况

生物传感器类型/产品	国际主要企业	国内主要企业	省内主要企业
手掌型血糖分析器	罗氏公司、MediSense、雅培、强生、美国PALCO	北京世安医疗器械、长沙三诺、北京康联、中科院武汉病毒所、北京麦邦生物工程	柯诺carenovo、腾爱糖大夫、
胰岛素泵	美敦力、贝克迪、金丹纳、唐友医学、科联升华、戴而特、维凯	鼎涛、福尼亚、安姆、北京迈世通、优泵、火凤	暂无
高端保健类血糖分析仪	美国Cygnus公司、日立公司	三诺、江苏鱼跃、艾康	瑞迪恩
高精度血糖分析仪	西门子医疗、美敦力Nova Biomedical	山东省科学院生物研究所、华北华东地区的企业	万孚wondfo
SPR生物传感器	发玛西亚等	济南研科实验仪器、中国科学院电子研究所	暂无

我国在生物传感器研究队伍和技术水平方面都进入了国际先进行列，血糖分析仪等一些常用的医疗电子设备与外资公司同类产品相比较，技术上差距不大。但由于生物活性单元具有不稳定性和易变性等缺点，生物传感器本身的稳定性和重现性较差。

未来国内医疗电子中的生物传感器的发展方向：在技术方面，可朝着酶分子元件、生物传感分析仪器制造技术、传感器集成与在线检测技术的研发以及酶分子器件的标准化这四个方向发展；在产品方面，结合微加工技术、纳米技术和芯片技术，使生物传感器走向微型化、智能化；在市场方面，要考虑产品的高敏感性、准确性、操作性、价格、使用寿命等问题。

5.3 广东省优劣势与战略选择

5.3.1 广东省优劣势分析

（1）优势。

①广东省是全国最大的医疗器械企业集聚区，是医疗智能传感器强有力的应用支撑（见图5-16）。据众成医械大数据平台统计，截至2019年底，全国医疗器械生产企业数量规模达18051家，产值规模突破7528.99亿元。其中广东省集聚了3068家生产企业，产值规模1063.42亿元，排名全国第一。医疗器械企业的聚集，为智能医疗传感器的发展提供了强有力的应用支撑。

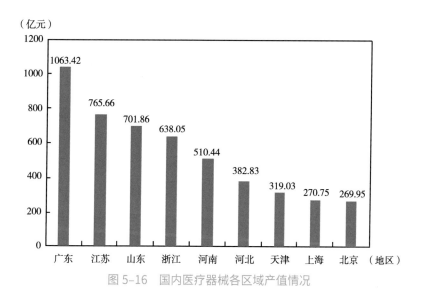

图 5-16 国内医疗器械各区域产值情况

据众成医械大数据平台统计，全国前50医疗器械企业聚集区中，广东省占有11个，企业总数1643家，占比约23%，聚集了大量优质医疗器械企业，区域性产业配合完善。

②医疗器械创新机构和龙头企业的强势引领带动医疗智能传感器产业。以深圳高性能医疗器械国家研究院有限公司为依托单位开展组建的国家高性能医疗器械创新中心落户深圳市，是我国唯一的国家高性能医疗器械创新中心，为

医疗智能传感器发展具有推动作用。以深圳迈瑞生物医疗电子股份有限公司和先健科技（深圳）有限公司等为龙头企业，带动广东省医疗智能传感器的快速发展，带动医疗电子产业链上下游发展，促进了广东省医疗水平的提高。

③高速发展的人工智能技术提升医疗智能传感器性能。从功能角度看，智能传感器主要包括了感知和运算两方面。利用先进的人工智能技术，可提升智能传感器测量性能，突破硬件对性能的限制，开辟智能传感器创新发展新赛道。

④区域战略规划与结构优化的创新吸引力。医疗智能传感器的发展需要多学科技术、多产业的协同发展，借助粤港澳大湾区政策规划、产业布局优化，吸引国内外重点研究机构落户广东省，解决智能传感器产业关键技术，推动医疗电子产业向"高、精、尖"发展。

（2）劣势。

①产业基础整体薄弱，缺链现象严重。国内医疗智能传感器产业分布散且少，主要分布在华北地区和长三角地区，数量不超10家，广东省仅3家公司，产品线少，规模以上产品基本空白。

②医疗智能传感器研发和设计基础较弱。目前国内从事医疗智能传感研发的学校和科研院所主要集中在北京和上海等城市，广东省内暂无有影响力的科研机构。

③医疗智能传感器工艺与制造基本空白。据统计，国内有40~50家智能传感器芯片IDM、代工和中试线。广东省仅有广州粤芯半导体，且产线在建中。

④医疗智能传感器产品种类少，且集中在中低端。广东省内有3家企业从事广泛应用的医用压力传感器和气体流量传感器生产，但产品种类少，偏向中低端产品。

5.3.2 战略选择

（1）加大医疗智能传感器产业链建设投入，突破核心基础技术。美国、欧洲和日本老牌传感器企业在智能传感器技术和市场方面相对国内企业具有绝对优势，具有先进的技术积累、完善的产业链和集聚区、全球几乎全部的高端传感器市场。在医疗智能传感器的芯片设计、生产制造、封装测试、MEMS加工技术等核心基础技术方面，我国还需要持续加大投入，经过多年积累发展，突破智能传感器产业链各环节的核心基础技术，构建完善产业链。

支持微型化及可靠性设计、精密制造、集成开发工具、嵌入式算法等关键技术研发，支持基于新需求、新材料、新工艺、新原理设计的智能传感器研发。支持基于微机电系统（MEMS）和互补金属氧化物半导体（CMOS）集成等工艺的新型智能传感器研发，推动智能传感器实现高精度、高可靠、低功耗、低成本。

医疗智能传感器核心基础技术的突破，需要科研院所、企业和高校联合开展攻关，企业密切配合实施检验，使关键技术能快速应用到生产中。由于我国在该技术方向与国外技术差距较大，该方向的追赶投入大、周期长，市场培育期长。

（2）加强医疗智能传感器与人工智能技术融合。医疗智能传感器的设计生产依赖于先进材料和加工工艺与技术，在短期无法形成突破的现状下，充分发挥省内人工智能产业技术优势，开展AI+智能传感器方向的研究。医疗智能传感器对感知对象的测量精度、可靠性、抗噪能力较传统传感器更先进，更多的是对感知数据的滤波、修正等数据初步处理。为达到该目的，在现有传感器性能基础上，结合人工智能算法，对感知数据进行智能化处理，达到与国外先进智能传感器相当的性能水平，开辟医疗智能传感器发展新跑道。

随着5G医疗健康产业的发展，通过传感器采集的数据将是海量的，在5G技术解决了数据上传时延、带宽、接入限制问题时，数据的存储将是重要问题。现在定义的智能传感器对感知数据进行了预处理，但未减少数据量。针对该问题可以开展智能传感器数据特征化融合研究，将感知数据特征化，减少数据量，便于后续处理。特征化融合方法包括人工智能领域的基于知识的系统、模糊逻辑、自动知识收集、轻量级神经网络、遗传算法、基于案例推理和环境智能等。

（3）5G医疗健康产业为需求引导，构建医疗智能传感器供应。2019年为5G商业元年，将使医疗健康产业进入5G时代，催生如远程会诊、远程诊断、远程监测等的新应用场景。面对新场景，也需要构建新的医疗智能传感器以满足5G医疗健康新应用场景的需求。以5G医疗健康应用场景出发，构建新系列智能传感器产品。

5.4　政策措施

（1）优化发展环境，提升医疗电子智能传感器战略地位。

（2）加大科技投入，保持持续创新能力和动力。

（3）促进生物医学、新材料、微电子制造、数据挖掘多学科融合创新。

（4）加强人才队伍建设，推进科研成果产业化。

附件 1：名词解释

传感器：（广义）传感器是一种能把特定的信息（物理、化学、生物）按一定规律转换成某种可用信号输出的器件和装置。（狭义）能把外界非电信息转换成电信号输出的器件。（国家标准）能够感受规定的被测量并按照一定的规律转换成可用输出信号的器件或装置，通常由敏感元件和转换元件组成。

静态特性重要指标：线性度、迟滞、重复性、精度、灵敏度、阈值、分辨力和漂移。

线性度：通常，测出的输出–输入校准曲线与某一选定拟合直线不吻合的程度。

重复性：重复性表示传感器在同一工作条件下，被测输入量按同一方向做全程连续多次重复测量时，所得输出值（所得校准曲线）的一致程度。

迟滞表明传感器在正（输入量增大）、反（输入量减小）行程期间，输出–输入曲线不重合的程度。

精度是反映系统误差和随机误差的综合误差指标。

灵敏度是传感器输出量增量与被测输入量增量之比。

阈值：当一个传感器的输入从零开始极缓慢地增加时，只有在达到了某一最小值后才测得出输出变化，这个最小值就称为传感器的阈值。

分辨力是指当一个传感器的输入从非零的任意值缓慢地增加时，只有在超过某一输入增量后输出才显示有变化，这个输入增量称为传感器的分辨力。

漂移量：大小是表征传感器稳定性的重要性能指标。

热释电效应：当一些晶体受热时，在晶体两端将会产生数量相等而符号相反的电荷，这种由于热变化而产生的电极化现象，称为热释电效应

IoT——物联网技术（Internet of Things）

CIS——CMOS 图像传感器（CMOS Image Sensor）

FPC——柔性印刷电路板（Flexible Printed Circuit board）

APM——环境光接近感测模块（Ambient Light and Proximity Module）

IDM模式——集成设备制造模式（Integrated Device Manufacture）

Fabless模式——无工厂芯片供应商模式

Foundry模式——代工厂模式

附件2：相关技术标准

［1］GB/T 33905.1—2017，智能传感器 第1部分：总则［S］.

［2］GB/T 33905.2—2017，智能传感器 第2部分：物联网应用行规［S］.

［3］GB/T 33905.3—2017，智能传感器 第3部分：术语［S］.

［4］GB/T 33905.4—2017，智能传感器 第4部分：性能评定方法［S］.

［5］GB/T 33905.5—2017，智能传感器 第5部分：检查和例行试验方法［S］.

附件3：调研企业清单

序号	企业名称	地点	企业性质
1	瑞声声学科技（深圳）有限公司	广东省深圳市	设计制造
2	深圳市汇顶科技股份有限公司	广东省深圳市	设计制造
3	美新半导体（无锡）有限公司	江苏省无锡市	设计制造
4	苏州敏芯微电子技术股份有限公司	江苏省苏州市	设计制造
5	北京豪威科技有限公司	北京市	设计制造
6	武汉高德红外股份有限公司	湖北省武汉市	设计制造
7	江苏多维科技有限公司	江苏省苏州市	设计制造
8	郑州炜盛电子科技有限公司	河南省郑州市	设计制造
9	广州奥松电子有限公司	广东省广州市	设计制造
10	杭州士兰微电子股份有限公司	浙江省杭州市	IDM+代工
11	无锡华润上华科技有限公司	江苏省无锡市	代工

附件 4：国内智能传感器企业

序号	企业名称	类别	省市
1	歌尔声学股份有限公司	MEMS麦克风	山东省潍坊市
2	瑞声声学科技（深圳）有限公司	MEMS麦克风	广东省深圳市
3	无锡芯奥微传感技术有限公司	MEMS麦克风	江苏省无锡市
4	华景传感科技有限公司	MEMS麦克风、压力传感器	江苏省无锡市
5	共达电声股份有限公司	麦克风	山东省潍坊市
6	深圳市汇顶科技股份有限公司	指纹传感器	广东省深圳市
7	美新半导体（无锡）有限公司	惯性传感器、磁感器	江苏省无锡市
8	美泰电子科技有限公司	惯性传感器、压力传感器	河北省石家庄市
9	深迪半导体（上海）有限公司	惯性传感器、磁力计、MEMS麦克风	上海市
10	上海矽睿科技有限公司	惯性传感器、磁传感器、气压计	上海市
11	西安中星测控有限公司	惯性传感器	陕西省西安市
12	苏州市明皜传感科技有限公司	惯性传感器、MEMS麦克风	江苏省苏州市
13	杭州士兰微电子股份有限公司	惯性传感器、MEMS麦克风	浙江省杭州市
14	水木智芯科技（北京）有限公司	惯性传感器	北京市
15	重庆天箭传感器有限责任公司	惯性传感器	重庆市
16	北京星网宇达科技股份有限公司	惯性传感器	北京市
17	北京耐威科技股份有限公司	惯性传感器	北京市
18	苏州敏芯微电子技术股份有限公司	压力传感器、MEMS麦克风	江苏省苏州市
19	麦克传感器股份有限公司	压力传感器	陕西省宝鸡市
20	上海芯敏微系统技术有限公司	压力传感器	上海市
21	北京青鸟元芯微系统科技有限责任公司	压力传感器	北京市
22	昆山双桥传感器测控技术有限公司	压力传感器	江苏省昆山市
23	无锡市纳微电子有限公司	压力传感器	江苏省无锡市
24	龙微科技（无锡）有限公司	压力传感器、温湿度传感器	江苏省无锡市
25	苏州纳芯微电子股份有限公司	压力传感器	江苏省苏州市
26	苏州感芯微系统技术有限公司	压力传感器	江苏省苏州市
27	北京豪威科技有限公司	CMOS图像传感器	北京市

序号	企业名称	类别	省市
28	北京思比科微电子技术股份有限公司	CMOS 图像传感器	北京市
29	格科微电子（上海）有限公司	CMOS 图像传感器	上海市
30	长春长光辰芯光电技术有限公司	CMOS 图像传感器	吉林省长春市
31	武汉高德红外股份有限公司	红外芯片	湖北省武汉市
32	浙江大立科技股份有限公司	红外芯片	浙江省杭州市
33	广州科易光电技术有限公司	红外传感器	广东省广州市
34	森霸传感科技股份有限公司	红外传感器、可见光传感器	广东省深圳市
35	江苏多维科技有限公司	磁传感器	江苏省苏州市
36	微传智能科技（常州）有限公司	磁传感器	江苏省常州市
37	宁波希磁电子科技有限公司	磁传感器	浙江省宁波市
38	郑州炜盛电子科技有限公司	气体传感器	河南省郑州市
39	苏州麦茂思传感技术有限公司	气体传感器	江苏省常州市
40	北京攀藤科技有限公司	气体传感器	北京市
41	深圳市世纪天行科技有限公司	气体传感器	广东省深圳市
42	深圳市蓝月测控技术有限公司	气体传感器	广东省深圳市
43	武汉四方光电有限公司	气体传感器	湖北省武汉市
44	北京益杉科技有限公司	气体传感器	北京市
45	河南汉威电子有限公司	气体传感器	河南省郑州市
46	宁波中车时代传感技术有限公司	温度传感器	浙江省宁波市
47	北京七芯中创科技有限公司	温度传感器	北京市
48	广州奥松电子有限公司	温湿度传感器	广东省广州市
49	深圳华美澳通传感器有限公司	压力传感器	广东省深圳市
50	泰斗微电子科技有限公司	GNSS 传感器	广东省广州市
51	深圳华大北斗科技有限公司	GNSS 传感器	广东省深圳市
52	广东合微集成电路技术有限公司	车用传感器	广东省东莞市
53	广东奥迪威传感科技股份有限公司	超声波传感器	广东省广州市
54	广州勒夫迈智能科技有限公司	颗粒传感器	广东省广州市
55	深圳市圣凯安科技有限公司	气体传感器	广东省深圳市
56	深圳市戴维莱传感技术开发有限公司	气体传感器	广东省深圳市
57	深圳市世纪天行科技有限公司	气体传感器	广东省深圳市
58	深圳芯启航科技有限公司	指纹传感器	广东省深圳市
59	深圳贝特莱电子科技股份有限公司	指纹传感器	广东省深圳市
60	海伯森技术（深圳）有限公司	力传感器	广东省深圳市

附件 5：省内智能传感器企业

序号	企业名称	类别	省市
1	瑞声声学科技（深圳）有限公司	MEMS麦克风	广东省深圳市
2	深圳市汇顶科技股份有限公司	指纹传感器	广东省深圳市
3	广州科易光电技术有限公司	红外传感器	广东省广州市
4	森霸传感科技股份有限公司	红外传感器、可见光传感器	广东省深圳市
5	深圳市世纪天行科技有限公司	气体传感器	广东省深圳市
6	深圳市蓝月测控技术有限公司	气体传感器	广东省深圳市
7	广州奥松电子有限公司	温湿度传感器	广东省广州市
8	深圳华美澳通传感器有限公司	压力传感器	广东省深圳市
9	泰斗微电子科技有限公司	GNSS传感器	广东省广州市
10	深圳华大北斗科技有限公司	GNSS传感器	广东省深圳市
11	广东合微集成电路技术有限公司	车用传感器	广东省东莞市
12	广东奥迪威传感科技股份有限公司	超声波传感器	广东省广州市
13	广州勒夫迈智能科技有限公司	颗粒传感器	广东省广州市
14	深圳市圣凯安科技有限公司	气体传感器	广东省深圳市
15	深圳市戴维莱传感技术开发有限公司	气体传感器	广东省深圳市
16	深圳市世纪天行科技有限公司	气体传感器	广东省深圳市
17	深圳芯启航科技有限公司	指纹传感器	广东省深圳市
18	深圳贝特莱电子科技股份有限公司	指纹传感器	广东省深圳市
19	海伯森技术（深圳）有限公司	力传感器	广东省深圳市

附件 6：国内智能传感器生产线

公司名称	企业性质	晶圆尺寸	产品类型
中国电子科技集团第55研究所（南京高华科技股份有限公司）	IDM+中试线	6英寸	射频器件等
中国电子科技集团第13研究所	IDM+中试线	6英寸	MEMS陀螺仪、加速度传感器、射频等
北京大学（北京青鸟元芯）	中试线	4英寸/6英寸	陀螺仪、加速度传感器、压力传感器等
中科院微系统所	中试线+代工	4英寸/8英寸	陀螺仪、加速度传感器、压力传感器等
中科院纳米所	中试线	4英寸	硅麦克风、压力传感器、陀螺仪等
中芯国际	代工	8英寸	硅麦克风、陀螺仪、惯性传感器等
无锡华润上华科技有限公司	代工	6英寸	压力传感器、加速度传感器、硅麦克风等
台积电	代工	8英寸	陀螺仪、加速度传感器、硅麦克风、压力传感器等
上海先进	代工	8英寸	三轴陀螺仪、加速度传感器、光学MEMS芯片等
上海华宏宏力半导体制造有限公司	代工	8英寸	磁传感器等
杭州士兰微电子	IDM+代工	6英寸/12英寸	三轴加速度传感器、三轴磁传感器、陀螺仪、压力传感器等
中航（重庆）微电子有限公司（重庆中科渝芯）	IDM+代工	8英寸	惯性传感器等
北京时代民芯科技有限公司（772所）	IDM+中试线	4英寸	MEMS陀螺仪、加速度传感器、压力传感器等
罕王微电子	IDM+代工	8英寸	MEMS传感器、加速度传感器、陀螺仪等

续表

公司名称	企业性质	晶圆尺寸	产品类型
耐威科技	代工	8英寸	加速度传感器、惯性传感器、红外传感器等
苏州原位芯片	IDM+中试线	6英寸	生物MEMS传感器、MEMS流量传感器等
高德红外	IDM+代工	8英寸	红外传感器等
爱司凯	IDM+代工	8英寸	MEMS喷墨打印头
上海微技术工业研究院	中试线	8英寸	惯性传感器、压力传感器等
西安励德	代工	4英寸	MEMS微振镜等
无锡元创华芯微机电有限公司	代工	6英寸	红外探测传感器等
（淄博）微系统科技有限公司	中试线	4英寸/6英寸	加速度传感器、陀螺仪等
无锡市纳微电子有限公司	代工	8英寸	MEMS压力传感器等
中电49所	IDM+中试线	6英寸	压力传感器、加速度传感器、气体传感等
国机集团沈阳仪表科学研究院	中试线	4英寸	压力传感器等
上海积塔半导体有限公司	代工（在建）	12英寸	待定
上海华力微电子有限公司	代工	12英寸	图像传感器
湖南启泰传感科技有限公司	代工	8英寸	压力传感器
和舰科技（苏州）有限公司	代工	8英寸	压力传感器
武汉高芯科技有限公司	代工	8英寸	红外探测传感器
武汉弘芯半导体制造有限公司	代工（在建）	12英寸	压力传感器
芯恩（青岛）集成电路有限公司	IDM+代工（在建）	8英寸/12英寸	待定
江苏多维科技有限公司	IDM+代工	8英寸	磁传感器等
合肥晶合集成电路有限公司	代工（在建）	12英寸	待定
格芯（成都）集成电路制造有限公司	代工	12英寸	加速度计
广州粤芯半导体技术有限公司	代工（在建）	12英寸	待定
福建英孚集成电路有限公司	代工（在建）	8英寸	待定
上海积塔半导体有限公司	代工（在建）	12英寸	待定

附件7：智能传感器全产业链

智能传感器产业地图

图例：国外 国内

消费电子	汽车电子	工业电子	医疗电子
博世 意法半导体 罗姆 恩智浦 亚德诺半导体 英飞凌 mCube 楼氏电子 索尼	博世 意法半导体 霍尼韦尔 恩智浦 英飞凌 盛思锐 TE Connectify 亚德诺半导体	博世 意法半导体 恩智浦 英飞凌 盛思锐 欧姆龙 TE Connectify 亚德诺半导体 SICK	意法半导体 霍尼韦尔 恩智浦 罗姆 盛思锐 TE Connectify 亚德诺半导体
美新半导体 明镐传感 歌尔声学 瑞声科技 敏芯微电子 矽睿科技 水木智芯 矽创电子 士兰微 敦泰 迈瑞微 豪威科技 格科微电子 汇顶科技 思比科 深迪半导体	美泰科技 美新半导体 比亚迪微电子 康森斯克 思比科 高德红外 纳微电子 水木智芯 矽创电子 芯敏微系统 深迪报道体 明镐传感	美泰科技 四方光电 炜盛科技 昆山双桥 戴维莱传感 高德红外 必创科技 多位科技 汉威电子 矽创电子 明镐传感	高德红外 明镐传感 三诺生物

CMOS图像传感器	惯性传感器	磁传感器	压力传感器	红外传感器	温度传感器	指纹传感器	麦克风	激光雷达
索尼 三星 意法半导体 英飞凌 安森美 佳能 东芝 LG AMS	博世 ST MCUBE NXP ADI PCB KIONIX TE 村田 ENDVECO KULITE COLIBRYS	AKM 霍尼韦尔 Allegro NXP ROHM Melexis AMS 博世 Murata MEAS Sensitec	博世 意法半导体 英飞凌 恩智浦 亚德诺半导体 TE Connectify Melexis	Nicera Heimann Melexis Panasonic Dexter Omron FLIR ULIS Murata Lapis NEC	博世 通用 森萨塔 欧姆龙 霍尼韦尔 艾默生 雅思科	AuthenTec FPC IDEX Synopsys	楼氏电子 Akustica 欧姆龙 亚德诺 意法半导体 星电	Velodyne Quanergy Innovusion Ibeo SICK 博世 Innoviz Hokuyo
豪威科技 格科微电子 思比科 瑞芯微电子 长光辰芯	明镐传感 矽睿 美泰 美新 中星 迈瑞 耐威	中旭 麦格恩 光大 多维 美新 微波动 矽瑞	美泰 纳微电子 康森斯克 芯敏微系统 敏芯微系	泰晶光电 炜盛 尼塞拉 烨映 大立微电子 高德红外 艾睿	中车 七芯中创 双丰科柏 银河芯 昆仑海岸 振华云科	汇顶科技 迈瑞微 信炜科技 神盾 思立微 敦泰 芯启航 费恩格尔 贝特莱 集创北方	歌尔声学 瑞声科技 芯奥微 共达电声 敏芯微电子	速腾聚创 禾赛科技 镭神智能 大疆 巨星科技 探维 北科天绘

研发	AT&T Bell Lab IBM 马里兰大学 MIT 密歇根大学微电子研究所 微电子研究中心 弗吉尼亚理工伯克利分校 加州大学伯克利分校 新加坡国立大学 南洋理工大学	上海微系统与信息技术研究所 清华 中国电子科技集团公司 东南大学 工业技术研究院（台） 北大 天大 华科 哈工大 中科院电子所 中科院微电子所
设计	应美盛 楼氏电子 Maradin 恩智浦 Qualtre Maxim Cirrus Logic 村田 意法半导体 索尼 博世 博通 高通 欧姆龙 旭化成微电子 亚德诺半导体 英飞凌 爱普科斯 霍尼韦尔	美新 深迪半导体 歌尔声学 明镐传感 瑞声科技 芯奥微 敏芯微 康森斯克 多维科技 豪威科技 格科微电子 思比科 汇顶科技 美泰科技 士兰微 高德红外
制造	格罗方德 Teledyne DALSA 爱普生 Semefab Silex 索尼 Fraunhofer ISIT Tronics 博世 意法半导体 旭化成微电子 亚德诺半导体 恩智浦 英飞凌 爱普科斯 霍尼韦尔	台积电（台） 中芯国际 联华电子（台） 华润上华 上海先进半导体 华虹集团 美新 士兰微 罕王微电子 矽品科技 国高微电子 高德红外
封装	Amkor 卡西欧 Hana Microelectronics 星电高科技 Unisen UTAC Boschman 楼氏电子 UBOTIC	日月光（台）瑞声科技 同欣电子（台） 长电科技 瑞声科技华天科技 菱生公司（台） 矽品科技 固铜 南通富士通 欣邦科技（台）力成科技（台） 南茂科技（台）晶方科技 歌尔声学 红光股份
测试	Acurtronic 亚德诺半导体 爱普科斯 恩智浦 应美盛 Maxim 村田 意法半导体 索尼 博世 楼氏电子 欧姆龙	京元电子（台）上海华岭 歌尔声学 美新半导体 瑞声科技 深迪半导体 美泰 芯奥微 共达电声 矽睿科技
软件	旭化成微电子 应美盛 博世 恩智浦 Kionix Hillcrest Labs 楼氏电子 意法半导体 PNI Sensor	诺亦腾 鼎亿 飞智 速位科技 爱盛科技 敏芯微电子 明镐传感 矽睿科技 深迪半导体
芯片	高通 博通 英伟达 英特尔 Marvell 苹果 三星	展讯 联发科技（台）联芯科技 君正 海思 珠海炬力 小米 锐迪科微电子 紫光国芯
应用	苹果 三星 谷歌 LG 诺基亚 索尼 Facebook 戴尔 微软 GoPro 飞利浦	华为 中兴 OPPO vivo 小米 HTC（台）联想 酷派 360 一加 TCL 金立 乐视

山东
歌尔声学
山东共达电声
烟台金创微纳
国高制造微系统
威海双峰电子
山东昊润自动化

山西
陕西科泰瑞
山西国惠光电

河南
郑州炜盛电子
力盛芯电子
河南汉威电子

甘肃
天水华天科技

四川
成都国腾电子
成都先进电子

云南
北方夜视科技

贵州
贵州雅光电子

天津
诺思微系统
天津微纳芯科技

陕西
西安中星测控
西安励德微系统
中国航天长城测控
陕西航天长城测控
麦克传感器
西安维纳信息测控
宝鸡秦明传感器
西安安定华电子
飞秒光电科技

重庆
重庆金山科技
重庆光电
中航微电子

北京
水木智芯科技
北京时代民芯科技
北京航天时代光电
北方广微科技
博奥生物
北京华力创通科技
北京鑫诺金传感
北京飞特彼科技
北京胜广达科技
北京集创北方科技
北京必创科技
北京集创北方科技

吉林
长光辰芯光电

辽宁
罕王微电子
沈阳仪表科学

湖北
武汉高德红外
湖北泓盈传感
宜昌东方微磁
武汉四方光电

湖南
三诺生物传感

浙江
杭州士兰微电子
浙江大立科技
微创科技
宁波沃尔康科技
新磁微电子
上海麦勒恩电子
宁波希磁电子科技
温州致同传感科技
杭州晟元芯片

福建
智恒微电子
厦门乃尔电子
福建上润精密仪器
瑞芯微电子

上海
深迪半导体
上海矽睿科技
上海敏芯微系统
上海英集微电子
上海文翼汽车传感器
中芯国际集成电路
上海矽杰力芯电子
上海先进半导体制造
上海恩智微电子
上海丽恒微电子
慧石测控科技
上海元创电子科技
上海天英微系统科技
上海巨哥电子
格科微电子
上海烁讯科技
上海思立微电子
上海信息科技
大唐微电子
豪威科技

广东
瑞声声学科技
深圳市惠恒华普电子
深圳市夏磁电子
广州 特红外
深圳市力创传感
敦泰科技
深圳比亚迪微电子
深圳市汇顶科技
深圳市信炜科技
深圳芯启航科技
深圳戴维莱
深圳贝特莱电子
深圳速腾聚创
深圳镭神智能
深圳大疆

江苏
美新半导体
苏州明皓传感
苏州敏芯微电子
昆山双桥传感器
江苏多维科技
无锡微芯科技
无锡杰赛知科技
华润上华半导体
苏州纳米科技
江苏英特斯科技
无锡华晶传感
苏州文智芯微系统
无锡纳晶科技
无锡康森斯克电子
南京天科技
苏州美之凯力电子
无锡芯智慧半导体
南京中霍科技
南京艾联电子
无锡乐尔科技
江苏森尼克电子
无锡沃浦科技电子
昆山光微电子
苏州宏贝智能科技
昆山锐芯微电子
淮安德码半导体
苏州迈瑞微电子
苏州明皓精密传感
无锡芯奥微传感
的品科技
江苏长电科技
华润上华半导体
苏州品芯微电子
南通富士通微电子
无锡红光微电子

安徽
北方芯动联科微系统

资料来源：http://bzdt.ch.mnr.gov.cn/browse.html?picId=%224o28b0625501ad13015501ad2bfc0135%22（自然资源部标准地图服务）；下载时间：2021年10月11日。

附件 8：智能传感器重点产品国内外及广东省现状对比

序号	应用领域	传感器类别	细分产品	进口情况	国内技术成熟度				国内重点企业	省内技术成熟度				省内重点企业
				进口国别或地区	已产业化与国际持平	已产业化与国际有差距	技术突破但未产业化	零基础		已产业化与国际持平	已产业化与国际有差距	技术突破但未产业化	零基础	
1	汽车	压力传感器	—	日本、美国、德国		√			河北美泰、东风汽车、保隆科技、无湖致通		√			广东合微集成电路
2		惯性传感器	加速度计	美国、德国、意大利、法国		√			河北美泰、美新			√		无
3			陀螺仪	德国、美国、日本、荷兰		√			河北美泰、美新			√		无
4		磁传感器	霍尔/自选霍尔技术	德国、美国、日本、意大利、法国		√			微波迪电子			√		无
5			AMR技术	美国、荷兰、日本				√	无				√	无

续表

序号	应用领域	传感器类别	细分产品	进口国别或地区	已产业化与国际持平	已产业化与国际有差距	技术突破但未产业化	零基础	国内重点企业	已产业化与国际持平	已产业化与国际有差距	技术突破但未产业化	零基础	省内重点企业
		传感器信息		进口情况	国内技术成熟度					省内技术成熟度				
6		磁传感器	TMR技术	日本			√		无				√	无
7			GMR技术	德国			√		无				√	无
8		光学传感器	化合物型可见光传感器	日本、美国		√			森霸传感、利达光电		√			利佳电子
9			硅PN结型可见光传感器	美国、日本		√			台湾亿光、台湾光磊、中电44所、华润微电子			√		无
10		图像传感器	CMOS图像传感器	日本、德国、韩国		√			格科微、思比科、长光辰芯、大华、华力			√		无
11	汽车	温度传感器	热电阻/热电偶/单片技术	德国、美国、日本		√			宁波中车、七芯中创、东风汽车、华工高理			√		无
12		气体传感器	—	美国、德国、日本		√			汉威电子、四方光电、传感科技、智慧云谷、中电38所		√			广州勒夫迈智能、深圳市圣凯安、深圳市世纪天行

续表

传感器信息				进口情况	国内技术成熟度				国内重点企业	省内技术成熟度				省内重点企业
序号	应用领域	传感器类别	细分产品	进口国别或地区	已产业化与国际持平	已产业化与国际有差距	技术突破但未产业化	零基础		已产业化与国际持平	已产业化与国际有差距	技术突破但未产业化	零基础	
13	消费电子	运行传感器	加速度计	德国、瑞士、日本		√			明镐传感、河北美泰、上海矽睿、无锡美新、深迪半导体、中星测控、士兰微、水木智芯、重庆天箭				√	无
14			陀螺仪	德国、瑞士、美国		√			明镐传感、河北美泰、上海矽睿、新半导体、深迪半导体、中星测控、士兰微、重庆天箭				√	无
15			压力传感器	德国、日本、瑞士、荷兰		√			苏州敏芯、上海矽敏感器、青鸟元芯、苏州纳芯、昆山双桥、华美澳通		√			华美澳通（中外合资企业）
16			磁传感器	日本、比利时、美国、德国		√			多维科技、宁波希磁电子、上海矽睿、无锡美新				√	无

129

续表

序号	应用领域	传感器类别	细分产品	进口情况 进口国别或地区	国内技术成熟度 已产业化与国际持平	已产业化与国际有差距	技术突破但未产业化	零基础	国内重点企业	省内技术成熟度 已产业化与国际持平	已产业化与国际有差距	技术突破但未产业化	零基础	省内重点企业
17	消费电子	运行传感器	GPS/GNSS传感器	美国、瑞士		√			台湾联发科、北斗星通、杭州中科微电子、成都振芯科技、华力创通		√			泰斗微电子、华斗北斗
18			图像传感器	日本、韩国、美国、瑞士		√			豪威科技、思比科、长光辰芯、格科微电子、瑞芯微电子				√	无
19		环境传感器	光线传感器	日本、美国、德国、新加坡		√			武汉高德、浙江大立、广州科易、森霸传感		√			广州科易、森霸传感
20			距离传感器											
21			红外传感器											
22			温度湿度传感器	德国、美国、瑞士		√			精量电子、昆仑海岸		√			广州奥松
23			气体传感器	日本、瑞士、德国		√			汉威电子、武汉微纳传感、炜盛科技、北京森斯特、深圳戴维莱、武汉四方光电、速诺邦城市技术		√			深圳戴维莱
24			颗粒物传感器											

续表

序号	传感器信息 应用领域	传感器类别	细分产品	进口情况 进口国别或地区	国内技术成熟度 已产业化与国际持平	已产业化与国际有差距	技术突破但未产业化	零基础	国内重点企业	省内技术成熟度 已产业化与国际持平	已产业化与国际有差距	技术突破但未产业化	零基础	省内重点企业
25	消费电子	生物识别传感器	指纹传感器	美国、瑞典	√				汇顶科技、神盾科技、思立微、迈瑞微、义隆电子、费恩格尔、芯启航、信炜科技、贝特莱、集创北方	√				汇顶科技、芯启航、信炜科技、贝特莱
26			麦克风	美国、德国、日本、丹麦	√				歌尔股份、瑞声科技、敏芯微电子、芯奥微、华景传感、共达电声、无锡美芯	√				瑞声声学
27			血氧传感器	美国、日本、瑞典		√			生物梅里埃、博奥生物集团、上海生物芯片				√	无
28			血糖传感器											
29			血压传感器											
30			心率传感器											

续表

序号	应用领域	传感器类别	细分产品	进口国别或地区	国内：已产业化与国际持平	国内：已产业化与国际有差距	国内：技术突破但未产业化	国内：零基础	国内重点企业	省内：已产业化与国际持平	省内：已产业化与国际有差距	省内：技术突破但未产业化	省内：零基础	省内重点企业
31	消费电子	生物识别传感器	体温传感器											
32			PH传感器	美国、日本、瑞典		√			生物梅里埃、博奥生物集团、上海生物芯片				√	无
33			肌电传感器											
34	工业	压力传感器	—	美国、瑞士、荷兰、日本		√			上海洛丁森、中星测控、福建上润		√			广东合微集成电路
35		惯性传感器	加速度计	美国、日本		√			苏州明皜、中星测控		√			广东合微集成电路、瑞声科技、深圳中电国际信息
36			陀螺仪	美国、挪威		√			航天13所、兵器214所			√		无
37		磁传感器	霍尔/自旋霍尔技术	美国、日本		√			北京森社、南京托肯				√	无

续表

序号	应用领域	传感器类别	细分产品	进口国别或地区	已产业化与国际持平	已产业化与国际有差距	技术突破但未产业化	零基础	国内重点企业	已产业化与国际持平	已产业化与国际有差距	技术突破但未产业化	零基础	省内重点企业
					国内技术成熟度					省内技术成熟度				
38	工业	磁传感器	AMR 技术	日本、美国、德国		√			无锡美新多维科技、微传常州				√	无
39			TMR 技术	日本、荷兰		√			多维科技、宁波希磁				√	无
40		图像传感器	CMOS 图像传感器	日本、美国、德国、韩国		√			格科微、思比科、长光辰芯、大华、华力			√		无
41		温度传感器	热电阻/热电偶/单片技术	美国		√			七芯中创、振华云科、北京昆仑海岸		√			广东奥迪威传感
42		气体传感器	—	美国、德国、日本		√			汉威电子、四方光电、炜盛科技、智慧云谷、中电38所		√			广州勒夫迈、深圳市圣凯安、深圳市世纪天行
43		粒子传感器	—	日本		√			汉威科技、炜盛科技、三正集团		√			深圳市世纪天行

续表

序号	传感器信息			进口情况	国内技术成熟度				国内重点企业	省内技术成熟度				省内重点企业
	应用领域	传感器类别	细分产品	进口国别或地区	已产业化与国际持平	已产业化与国际有差距	技术突破但未产业化	零基础		已产业化与国际持平	已产业化与国际有差距	技术突破但未产业化	零基础	
44		压力传感器	—	美国、日本、德国、荷兰		√			芯敏微系统、苏州敏芯		√			深圳华美澳通传感器、广东合微集成电路
45		惯性传感器	加速度计	美国		√			迈瑞			√		无
46	医疗	磁传感器	霍尔/自选霍尔技术	美国、奥地利、日本			√		无				√	无
47			AMR技术	美国、荷兰			√		无				√	无
48			TMR技术	日本		√			多维科技				√	无
49		温度传感器	热电阻/热电偶/单片技术	德国、美国			√		无			√		无

附件 9：智能传感器重点产品产业链技术成熟度现状

技术成熟度说明：

零基础☆ 技术突破但未产业化★ 已产业化与国外有差距★★ 已产业化与国际持平★★★

智能传感器重点产品产业链技术成熟度现状

序号	领域	类型	产品	研发	设计	制造	封装	测试	软件	产品及方案	系统应用
1		压力传感器	——	★★	★	★★	★	★★	★	★★	★★★
2		惯性传感器	加速度计	★★	★	★★	★★	★	★	★★	★★
3			陀螺仪	★★	★★	★	★	★★	★	★★	★★
4		磁传感器	霍尔/自选霍尔技术	★★	★	★★	★	★★	★	★★	★★
5	汽车		AMR技术	★	☆	★	☆	★	☆	★	★★
6			TMR技术	★	☆	☆		★		★	★
7			GMR技术	★	★	☆		★	☆	★	★
8		可见光传感器	化合物可见光传感器	★★	★★	★	★	★★	★	★★	★★★
9			硅PN结型可见光传感器	★	★★	★	☆	★	☆	★	★★
10		图像传感器	CMOS图像传感器	★	★★	☆	★★	★	★★	★★★	★★★

续表

序号	领域	类型	产品	研发	设计	制造	封装	测试	软件	产品及方案	系统应用
11	汽车	温度传感器	热电阻/热电偶/单片技术	★★	★★	☆	☆	★★	★	★	★★★
12		气体传感器	——	★★	★★	★	★	★★	☆	★★	★★
13	消费电子	运动传感器	加速度计	★★	★★	★	★★	★	★	★	★★★
14			陀螺仪	★★	★★	★	★★	★	★★	★	★★★
15			压力传感器	★★	★★		★★	★	★★		★★
16			磁传感器	★★	★★	☆	★★	☆	★★	★	★
17			GPS/GNSS传感器	★★	★★	☆	☆	★	★★	★★	★★
18		环境传感器	图形传感器	★★	★★	☆	★★	★★	☆	★★	★★★
19			光线/红外传感器	★★	★★	☆	★★	★★	☆	★★	★★★
20			温湿度传感器	★	★★	★★★	★	★★	★★	★	★★
21			气体传感器	★★	★★	★★	★	★★	★★	★	★★
22		生物识别传感器	指纹传感器	★★★	★★★	★★	★★★	★★	★★★	★★★	★★★
23			麦克风	★★★	★★★	★★	★★	★★★	★★★	★★★	★★★
25	工业	压力传感器	——	★★	★★	★	★★	☆	★★	★★★	★★
26		惯性传感器	加速度计	★★	★★	★★	☆	★★	☆	★★	★★
27			陀螺仪	★★	★★	☆	★	★★	☆	★★	★★

续表

序号	领域	类型	产品	研发	设计	制造	封装	测试	软件	产品及方案	系统应用
28	工业	磁传感器	霍尔/自选霍尔技术	★★	★★	★★	★★	★★	☆	☆	★★★
29			AMR技术	★★	★★	★	☆	★★	★★	★	★★★
30			TMR技术	☆	★	☆	☆	★★	★★	★★	★★
31		图像传感器	CMOS图像传感器	★★	★★	★★	★★	★	★★	★★	★★
32		温度传感器	热电阻/热电偶/单片技术	★★	★★	☆	★★	★	★★	★★	★★
33		气体传感器	——	★★	★★	★	★	★	★★		★★★
34		粒子传感器	——	★★	★★	☆	★★	★	★★	☆	★
35		压力传感器	——	★★	★★	★★	★★	☆	☆	★	★★
36		惯性传感器	加速度计	★★	★	★★	☆	★	★★	☆	★★
37	医疗	磁传感器	霍尔/自选霍尔技术	★★	★	★★	☆	★★	☆	★★	★
38			AMR技术	★★	★★	★★	★★	★★	★★	★★	★★★
39			TMR技术	★★	★★	★★	★★	★★	★★	★★	★★★
40		温度传感器	热电阻/热电偶/单片技术	★★	★	★★	★	★★	★★	★★	★★

附件 10：消费电子智能传感器类型及应用场景

传感器类型	传感器	主要功能	手机	笔记本	平板	游戏机	智能手表/手环	运动相机	摄影机	阅读器	耳机/音响	智能家居
运动传感器	加速度计	运动检测（摇一摇、计步、AR）、跌落检测、翻转静音、游戏控制、增强运动控制	√		√	√	√	√				
	陀螺仪	人机交互	√		√	√	√	√			√	
	压力传感器		√									√
	磁传感器	指南针、出行导航、金属探测	√		√	√	√	√	√			
	重力传感器	横竖屏、重力感应游戏	√		√	√	√	√	√			
	GPS/GNSS传感器	出行导航、地图位置共享、测速、测距	√		√	√	√	√	√			
	气压传感器	气压测量、修正海拔误差、辅助GPS定位	√	√	√	√	√	√	√			
环境传感器	图像传感器	拍照摄影视频、刷脸、AR应用、人机交互	√	√	√	√	√	√	√	√		√
	光线传感器	调整屏幕亮度、防误触、拍照自动白平衡	√	√	√	√	√	√	√	√	√	√
	距离传感器	皮套口袋模式自动解锁屏/接电话自动暗屏	√	√	√	√	√	√	√	√	√	√
	红外传感器	手势感应	√	√	√	√	√	√	√	√	√	√

续表

传感器类型	传感器	主要功能	手机	笔记本	平板	游戏机	智能手表/手环	运动相机/	摄影机	阅读器	耳机/音响	智能家居
环境传感器	温湿度传感器	设备温度、环境温湿度、健身强度计算	✓	✓	✓	✓	✓	✓	✓		✓	✓
	紫外线传感器	检测紫外线强度	✓		✓		✓	✓	✓		✓	
	气体传感器	空气质量检测										✓
	颗粒物传感器	空气质量检测					✓					✓
	指纹传感器	加密、解锁、支付等身份识别	✓	✓	✓	✓	✓			✓		✓
	麦克风	语音通话、声控、语音输入	✓	✓	✓	✓	✓			✓	✓	✓
生物识别传感器	血氧传感器	健康检测-脉搏血氧饱和度					✓					✓
	血糖传感器	健康检测-血糖水平健康检测					✓					✓
	血压传感器	健康检测-血压检测					✓					✓
	心率传感器	健康检测-心率检测					✓					✓
	体温传感器	运动强度计算、健康提醒					✓					✓
	PH 传感器	汗液 PH 值检测、健康提示					✓					✓
	肌电传感器	睡眠检测					✓					✓
数量合计			15	7	15	12	24	13	11	6	6	17

附件 11：消费电子智能传感器国内外及广东省现状对比

序号	传感器信息			进口情况			国内技术成熟度				国内重点企业	省内技术成熟度				
	传感器类别	细分类别	主要消费电子产品	进口国别或地区	国外重点企业		已产业化与国际持平	已产业化与国际有差距	技术突破但未产业化	零基础		已产业化与国际持平	已产业化与国际有差距	技术突破但未产业化	零基础	省内重点企业
1	运行传感器	加速度计	手机、游戏机、平板、运动手环、智能手表、运动相机	德国、瑞士、美国、日本	博世、意法半导体（ST）、应美盛、旭化成微电子（AKM）、TDK、ADI、KIONIX、Analog、MCUBE、Colibrys、Silicon Design		√				明镐传感、河北美泰、上海矽睿、无锡美新、深迪半导体、中星测控、士兰微、水木智芯、重庆天箭		√			无
2		陀螺仪	手机、游戏机、运动相机	德国、瑞士、日本、美国	博世、意法半导体、应美盛、TDK、ADI、Analog、KIONIX、旭化成微电子、村田		√				明镐传感、河北美泰、上海矽睿、美新半导体、深迪半导体、中星测控、士兰微、水木智芯、重庆天箭		√			无

续表

序号	传感器类别	细分类别	主要消费电子产品	进口国别或地区	国外重点企业	国内技术成熟度：已产业化与国际持平	国内技术成熟度：已产业化与国际有差距	国内技术成熟度：技术突破但未产业化	国内技术成熟度：零基础	国内重点企业	省内技术成熟度：已产业化与国际持平	省内技术成熟度：已产业化与国际有差距	省内技术成熟度：技术突破但未产业化	省内技术成熟度：零基础	省内重点企业
3	运行传感器	压力传感器	手机、游戏机、运动手环、智能手表、运动相机	德国、日本、瑞士、荷兰	博世、阿尔卑斯电气、意法半导体、泰芯电子、恩智浦		✓			苏州敏芯、麦克传感器、上海芯敏、青鸟元芯、苏州纳芯、昆山双桥、华美澳通		✓			华美澳通（中外合资企业）
		磁传感器	手机、平板、运动手环、智能手表、相机	日本、比利时、美国、德国	旭化成微电子、Melexis、Honeywell、Sensitec、MEAS、恩智浦		✓			多维科技、宁波希磁电子、上海矽睿、无锡乐尔新				✓	无
4		GPS/GNSS传感器	手机、平板、运动手环、智能手表、相机	美国、瑞士	高通、博通、U-blox、ST			✓		台湾联发科、北斗星通、杭州中科微电子、成都振芯科技、华力创通		✓			泰斗微电子、华大北斗
5	环境传感器	图像传感器	手机、笔记本、平板、游戏机、运动手环、智能手表、智能家居	日本、韩国、美国、瑞士	索尼、三星、安森美、意法半导体、英飞凌、MEMS Vison、LG、AMS		✓			豪威科技、思比科、长光辰芯、格科微电子、瑞芯微电子				✓	无

续表

序号	传感器类别	细分类别	主要消费电子产品	进口国别或地区	国外重点企业	国内技术成熟度				国内重点企业	省内技术成熟度				省内重点企业
						已产业化与国际持平	已产业化与国际有差距	技术突破但未产业化	零基础		已产业化与国际持平	已产业化与国际有差距	技术突破但未产业化	零基础	
6	环境传感器	光线传感器、距离传感器、红外传感器	手机、平板、笔记本、相机、游戏机、运动手环、智能手表、音响、耳机、智能阅读	日本、美国、德国、新加坡	日本尼塞拉、美国艾塞力达、欧司朗、安华高科、Nicera、Heimann		√			武汉高德、浙江大立、广州科易、森霸传感		√			广州科易、森霸传感
		温湿度传感器	智能家居	德国、美国、瑞士	博世、Hygrometrix、德州仪器、盛思锐、Qorvo、意法半导体		√			精量电子、昆仑海岸		√			广州奥松
		气体传感器	运动手环、智能手表、智能家居	日本、瑞士、德国	FIGARO、FIS、Sensirion、博世、夏普、松下		√			汉威电子、武汉微纳传感、传盛科技、北京森斯特、深圳戴维莱、武汉四方光电、速丽德城市技术		√			深圳戴维莱
		颗粒物传感器													

续表

序号	传感器类别	细分类别	主要消费电子产品	进口国别或地区	国外重点企业	国内技术成熟度				国内重点企业	省内技术成熟度				省内重点企业
						已产业化与国际持平	已产业化与国际有差距	技术突破但未产业化	零基础		已产业化与国际持平	已产业化与国际有差距	技术突破但未产业化	零基础	
		指纹传感器	手机、笔记本、平板、相机、游戏机、运动手环、智能手表、音响、阅读器、智能家居	美国、瑞典	高通、FPC、synaptics、Authentec、敦泰	√				汇顶科技、思立微、迈瑞微、义隆电子、芯启航、费恩格尔、信特科技、贝特莱、集创北方	√				汇顶科技、芯启航、信炜科技、贝特莱
		麦克风		美国、德国、日本、丹麦	楼氏电子、英飞凌、欧姆龙、应美盛、意法半导体、丹麦声扬公司	√				歌尔股份、瑞声科技、敏芯微电子、芯奥微、共达电声、华景传感、无锡美芯	√				瑞声声学
7	生物识别传感器	血氧传感器	运动手环、智能手表	美国、日本、瑞典	Affymetrix、Fuence、Phadia			√		生物梅里埃、博奥生物集团、上海生物芯片				√	无
		血糖传感器													

143

续表

序号	传感器信息			进口情况		国内技术成熟度				国内重点企业	省内技术成熟度				省内重点企业
	传感器类别	细分类别	主要消费电子产品	进口国别或地区	国外重点企业	已产业化与国际持平	已产业化与国际有差距	技术突破但未产业化	零基础		已产业化与国际持平	已产业化与国际有差距	技术突破但未产业化	零基础	
7	生物识别传感器	血压传感器	运动手环、智能手表	美国、日本、瑞典	Affymetrix、Fuence、Phadia			√		生物梅里埃、博奥生物集团、上海生物芯片				√	无
		心率传感器													
		体温传感器													
		PH传感器													
		肌电传感器													

附件 12：消费电子智能传感器重点产品产业链技术成熟度现状

技术成熟度说明：

零基础 ■　技术突破但未产业化 ■　已产业化与国外有差距 ■　已产业化与国际持平 ■

序号	领域	类型	产品	研发	设计	制造	封装	测试	软件	产品及方案	系统应用
1	消费电子	运动传感器	加速度计								
2	消费电子	运动传感器	陀螺仪								
3	消费电子	运动传感器	压力传感器								
4	消费电子	运动传感器	磁传感器								
5	消费电子	运动传感器	GPS/GNSS传感器								
6	消费电子	环境传感器	图形传感器								
7	消费电子	环境传感器	光线/红外传感器								
8	消费电子	环境传感器	温湿度传感器								
9	消费电子	环境传感器	气体传感器								
10	消费电子	生物识别传感器	指纹传感器								
11	消费电子	生物识别传感器	麦克风								

消费电子智能传感器重点产品产业链技术成熟度现状

附件 13：汽车所需传感器数量及价格统计

传感器类型	单价（元）	传统汽车		
		引擎管理	安全性	舒适性
压力传感器	200-300	7~10 （用于MAP进气压力、汽油压力、油箱蒸气压、油压检测、启动/停车、车载故障诊断、高压共轨系统等）	10~12 （用于周边安全气囊传感器、行人安全、车身电子稳定系统ESP、胎压监测系统、乘客检测）	1 （主要用于空调控制）
加速度传感器	100-300	2~5 （用于发动机主动悬置、车载故障诊断等）	10~14 （用于空气气囊、翻车传感、结构声传感、空气气囊、车身电子稳定系统ESP、自动紧急呼叫系统、汽车警报）	6 （主要用于主动悬挂、导航）
角速度传感器	50-200		3~5 （用于翻车传感、车身电子稳定系统ESP、主动转向）	1 （主要用于导航）
位置传感器	120~600	1~2 （用于检测曲轴和发动机转速）		
温度传感器	60~400			3 （主要用于空调控制）
流量传感器	200~500	2~3 （主要用于发动机进气量检测）		
液位传感器	30~200	2~3 （主要用于油箱水箱液位检测）		
气体浓度传感器	50~400	1~2 （用于空气/燃料比及点火控制）		
摄像头	600~1200			
超声波雷达	60~200			
毫米波雷达	3500~12000			
激光雷达	7200~640000			
数量总计（个）				
价格总计（元）				

合计	自动驾驶汽车				
	L1	L2	L3	L4	L5
18~23	18~23 (用于MAP进气压力、汽油压力、油箱蒸气压、油压检测、启动/停车、车载故障诊断、高压共轨系统、周边安全气囊传感器、行人安全、车身电子稳定系统ESP、胎压监测系统、乘客检测、空调控制等)				
18~25	18~25 (用于发动机主动悬置、车载故障诊断、空气气囊、翻车传感、结构声传感、空气气囊、车身电子稳定系统ESP、自动紧急呼叫系统、汽车警报、主动悬挂、导航等)				
4~6	4~6 (用于翻车传感、车身电子稳定系统ESP、主动转向、导航等)				
1~2	1~2 (用于检测曲轴和发动机转速)				
3	3 (用于空调控制)				
2~3	2~3 (用于发动机进气量检测)				
2	2 (用于油箱水箱液位检测)				
1~2	1~2 (用于空气/燃料比及点火控制)				
	2 (前向、倒车摄像头)	8 (倒车摄像头、前视三目总成、两侧各两个)	5 (前向1个,车头1个,倒车1个,前后视镜各1个)	16 (车顶1个双目、8个环视摄像头、车内后视镜1个、车头1个、车外后视镜和车后部各2个)	8 (车顶1个环视摄像头、车内后视镜1个、车头1个、倒车1个、车外后视镜和车后部各2个)
	12 (前后车身各6个)	12 (前后车身各6个)	12 (分布在前后及侧方)		
	1 (前向底部)	1 (前向底部)	5 (车身四角4个中距离,前方1个长距离)	21 (车身四周12个,前向2个,后向2个,车两侧各2个,正前方1个)	4 (顶部4个)
			1 (前方1个)	5 (两侧朝下各2个,正前方1个)	6 (车身4角各1个、顶后各1个)
49~66	64~81	70~87	72~89	91~108	67~84
6410~34200	11830~51000	15430~58200	34830~742600	125510~945400	68410~731800

147

附件 14：工业传感器类型及数量

传感器类型	细分产品	数量	国际主要企业	国内主要企业
压力传感器	—	1000万~2000万只	罗斯蒙特、霍尼韦尔、泰科电子、恩智浦	上海洛丁森、中星测控、麦克传感、福建上润
惯性传感器	加速计	500万只以上	PCB、ADI、Endveco	苏州明皜、中星测控、航天13所、兵器214所
	陀螺仪	500万只以上		
磁传感器	—	10亿只以上	AKM、Honeywell、ROHM、Melexis、Murata、MEAS、Infineon、TDK	北京森社、南京托肯、多维科技、无锡美新、微传常州、升威电子
光学传感器	可见光传感器	2亿只以上	索尼、美国OV、三星、豪威、SK海力士、Aptina、Canon、东芝、Lg、英飞凌	格科微、思比科、海思半导体、奥比中光、长光辰芯、台湾奇景、海康威视、大华、华力、中芯国际
	红外传感器	2亿只以上		
温度传感器	—	5亿只以上	雅思科、霍尼韦尔	七芯中创、振华云科、北京昆仑海岸、电科48所、电科49所、航天704所、中科银河芯
气体传感器	—	500万只以上	Figaro、FIS、Sensirion、SGX、Dynament、霍尼韦尔、UST、美国阿旺斯、博世	汉威电子、四方光电、炜盛科技、三智慧云谷、博立信科技、重庆声光电、中电38所、中煤科工

附件 15：工业智能传感器重点产品国内外及广东省现状对比

智能传感器国内外及广东省现状对比

序号	应用领域	传感器类别	细分产品	进口情况 进口国别或地区	国内技术成熟度 已产业化与国际持平	已产业化与国际有差距	技术突破但未产业化	零基础	国内重点企业	省内技术成熟度 已产业化与国际持平	已产业化与国际有差距	技术突破但未产业化	零基础	省内重点企业
1	工业	压力传感器	—	美国 瑞士 荷兰 日本		√			上海洛丁森 中星测控 麦克传感 福建上润		√			广东合微集成电路技术有限公司
2		惯性传感器	加速度计	美国 日本		√			苏州明皜 中星测控		√			广东合微集成电路技术有限公司、瑞声股份有限公司、深圳中电国际信息科技有限公司
3			陀螺仪	美国 挪威		√			航天13所 兵器214所			√		无
4		磁传感器	霍尔/自选霍尔技术	美国 日本		√			北京森社 南京托肯				√	无

续表

序号	应用领域	传感器信息		进口情况	国内技术成熟度					省内技术成熟度				
		传感器类别	细分产品	进口国别或地区	已产业化国际持平	已产业化与国际有差距	技术突破但未产业化	零基础	国内重点企业	已产业化国际持平	已产业化与国际有差距	技术突破但未产业化	零基础	省内重点企业
5		磁传感器	AMR技术	日本 美国 德国		√			无锡美新 多维科技 微传常州				√	无
6			TMR技术	日本 荷兰		√			多维科技 宁波希磁 格科微				√	无
7		图像传感器	CMOS图像传感器	美国 德国 韩国		√			思比科 长光辰芯 大华、华力			√		无
8	工业	温度传感器	热电阻/热电偶/单片技术	美国		√			七芯中创 振华云科 北京昆仑海岸		√			广东奥迪威传感科技股份有限公司
9		气体传感器	—	美国 德国 日本		√			汉威电子 四方光电 炜盛科技 三智慧云谷 中电38所		√			广州菊夫迈智能科技有限公司、深圳市圣凯安科技有限公司，深圳市世纪天行科技有限公司
10		粒子传感器	—	日本		√			汉威科技 炜盛科技 三正集团		√			深圳市世纪天行科技有限公司

附件 16：工业智能传感器重点产品产业链技术成熟度现状

技术成熟度说明：

零基础 ▮ 技术突破但未产业化 ▮ 已产业化与国外有差距 ▯ 已产业化与国际持平 ▮

智能传感器重点产品产业链技术成熟度现状

序号	领域	类型	产品	研发	设计	制造	封装	测试	软件	产品及方案	系统应用
1	工业	压力传感器	—								
2		惯性传感器	加速度计								
3			陀螺仪								
4		磁传感器	霍尔/自选霍尔技术								
5			AMR技术								
6			TMR技术								
7		图像传感器	CMOS图像传感器								
8		温度传感器	热电阻/热电偶/单片技术								
9		气体传感器	—								
10		粒子传感器	—								

参考文献

［1］国务院.国家集成电路产业发展推进纲要［Z］.2014-06-24.

［2］工业和信息化部.智能传感器产业三年行动指南（2017-2019年）［Z］.2017-11-20.

［3］中国传感器产业发展白皮书（2014）［R］.工业和信息化部电子科学技术情报研究所，2014-10-22.

［4］智能传感器型谱体系与发展战略白皮书［R］.中国电子技术标准化研究院，2019-08-05.

［5］雅各布·弗雷登（Jacob Fraden）.现代传感器手册：原理、设计及应用（第5版）［M］.宋萍，隋丽译.北京：机械工业出版社，2018.

［6］邸绍岩，焦奕硕.MEMS传感器技术产业与我国发展路径研究［J］.信息通信技术与政策，2021，47（3）：66-70.

［7］传感器成动力"引擎"，助推工业大数据产业飞速发展［J］.自动化与仪表，2020，35（5）：102.

［8］刘若冰，曹赞.智能传感器产品体系架构及其应用［J］.信息技术与标准化，2021（4）：54-58.

［9］雷鸣远.MEMS传感器和智能传感器的发展［J］.无线互联科技，2020，17（6）：20-21.

［10］王淑华.MEMS传感器现状及应用［J］.微纳电子技术，2011，48（8）：

516-522.

［11］盛文军.压力传感器发展现状综述［J］.科技经济导刊,2018,26（18）:54-56.

［12］高伟.浅谈智能压力传感器［J］.赤子（中旬）,2014（2）:413.

［13］冯莹彰.CMOS图像传感器技术与市场发展现状［J］.电子技术与软件工程,2020（13）:69-70.

［14］SC100AT&SC410GS图像传感器［J］.传感器世界,2020,26（9）:44-45.

［15］杨雅萱.浅谈光电编码器的原理与应用［J］.数码世界,2018（1）:78.

［16］姜义.光电编码器的原理与应用［J］.传感器世界,2010,16（2）:16-19,22.

［17］巩宝山.光电编码器在工业自动化系统中的应用与研究［J］.数字通信世界,2020（11）:158-159.

［18］触觉传感器能令机器人"感受"疼痛［J］.传感器世界,2020,26（2）:40.

［19］叶廷东,黄晓红,冼广淋.多测点智能温度传感器设计［J］.计算机测量与控制,2017,25（2）:242-244.

［20］沙占友.智能温度传感器的发展趋势［J］.电子技术应用,2002（5）:6-7.

［21］气体传感器需求不断增长 2021年全球规模将达9.2亿美元［J］.自动化与仪表,2021,36（2）:82.

［22］韩卫济,孙鹤,徐光等.气体传感器综述［J］.计算机产品与流通,2018（2）:277-277.

［23］王涛.基于视触融合的机器人操作［J］.人工智能,2018（3）:36-44.

［24］金章鹏.我国医疗器械产业发展现状及对策［J］.中国管理信息化,2021,24（7）:150-151.

［25］肖兴政,巴才国,孙俊菲."十三五"时期区域卫生健康信息化建设

发展回顾与展望［J］.中国卫生信息管理杂志，2021，18（3）：303-307，360.

［26］牟丽，夏英华，何群，何易洲，曹蓉，邢晓辉.我国智慧医疗建设现状、问题及对策研究［J］.中国医院，2021，25（1）：24-26.

［27］耿茜，巴龙，GENGQian等.面向精准医疗的智慧医疗传感技术［J］.智慧健康，2015，1（2）：1-6.

［28］盛文军.压力传感器发展现状综述［J］.科技经济导刊，2018（18）：54.

［29］孔松涛，谢义，王松，王堃，韩玉军，蔡萍.红外热像增强算法发展研究综述［J］.重庆科技学院学报（自然科学版），2021，23（4）：77-83.

［30］王鹏程，张富利.数字化X线摄影平板探测器的研究进展［J］.医疗卫生装备，2004，25（2）：26-27.

［31］汪朝敏，陈勇，王小东等.高时间分辨X射线探测器的研制［J］.光电子，2020，10（3）：7.

［32］金瑞，曾勇明.数字X线全景成像技术进展及临床应用［J］.重庆医学，2015，44（4）：553-555.

［33］毕帆，李斌，曹厚德等.不同DR探测器技术临床应用价值的分析与探讨［J］.中国医疗设备，2020（1）.

［34］孙智勇，孟昭阳，金玉博.不同类型平板探测器的DQE测量比较［J］.中国医疗器械信息，2019，25（9）：27-28，31.

［35］赵卫星.超声波传感器及其应用［J］.科技风，2019（23）.

［36］朱蔷云，李伦，陈雪岚.生物传感器发展及其应用［J］.卫生研究，2019（3）.

［37］苏文娜，徐珊.我国医疗器械产业基础能力分析与建议［J］.中国医疗器械信息，2020，26（3）：37-39.